SOCIÉTÉ
DES
INGÉNIEURS CIVILS DE FRANCE
FONDÉE LE 4 MARS 1848
Reconnue d'utilité publique par décret du 22 décembre 1860
10, Cité Rougemont, 10
PARIS

L'ARTILLERIE A TIR RAPIDE EN FRANCE

LES CANONS CANET

PAR

M. P. MERVEILLEUX DU VIGNAUX

EXTRAIT DES MÉMOIRES DE LA SOCIÉTÉ DES INGÉNIEURS CIVILS DE FRANCE
(Bulletin de septembre 1894.)

PARIS
10, cité Rougemont, 10
—
1894

SOCIÉTÉ
DES
INGÉNIEURS CIVILS DE FRANCE
FONDÉE LE 4 MARS 1848
Reconnue d'utilité publique par décret du 22 décembre 1860
10, Cité Rougemont, 10
PARIS

L'ARTILLERIE A TIR RAPIDE
EN FRANCE

LES CANONS CANET

PAR

M. P. MERVEILLEUX DU VIGNAUX

EXTRAIT DES MÉMOIRES DE LA SOCIÉTÉ DES INGÉNIEURS CIVILS DE FRANCE
(Bulletin de septembre 1894.)

PARIS
10, cité Rougemont, 10
1894

L'ARTILLERIE A TIR RAPIDE
EN FRANCE

LES CANONS CANET

PAR

M. P. MERVEILLEUX DU VIGNAUX

I. — INTRODUCTION

Le sujet qui fait l'objet de cette communication a peut-être semblé trop spécial à certains de nos collègues.

Jusqu'à ces dernières années, les questions de matériel de guerre étaient restées en dehors de la compétence, et, le plus souvent, des préoccupations des Ingénieurs qui font partie de la Société.

Cependant, cette question a paru, à l'heure actuelle, avoir sa place marquée au milieu de nos travaux, et cela, pour plusieurs raisons.

D'abord, les plus jeunes d'entre nous, surtout depuis les dispositions nouvelles de la loi militaire, sont appelés à servir tous, ou presque tous, dans l'artillerie.

En second lieu, la fabrication du matériel de guerre, en employant ce mot dans sa plus large acception, sans se restreindre aux seuls canons, a pris une extension considérable; elle est devenue, par le travail métallurgique ou mécanique qu'elle exige une des branches les plus importantes de notre industrie nationale. Enfin, un intérêt technique très grand s'attache à l'étude des problèmes mécaniques nombreux et complexes, auxquels donnent lieu la construction et l'exécution du matériel d'artillerie.

D'ailleurs, les questions d'armement sont trop à l'ordre du jour, elles préoccupent trop les esprits désormais, pour qu'une Société d'Ingénieurs puisse s'en désintéresser, et que chacun, métallurgiste ou constructeur, ne cherche pas, dans une mesure et à un titre quelconque, à apporter des perfectionnements qui mettent la France au premier rang.

Ces motifs avaient semblé suffisants au regretté Président, qui nous a été si subitement enlevé, pour accueillir ce travail avec bienveillance.

J'ai dû me restreindre. Une partie historique passant en revue tous les développements successifs de l'artillerie en général, peut présenter un certain intérêt, mais, pour une étude qui s'adresse à des hommes techniques, il est préférable de prendre immédiatement la question dans son état actuel. Du reste, les transformations sont tellement rapides, qu'en remontant au delà d'une vingtaine d'années nous ne retrouverions plus un matériel présentant désormais un intérêt sérieux et pratique.

Nous ne pourrons que jeter un coup d'œil sur l'état général de la question avant d'aborder le sujet spécial des canons à tir rapide qui sera traité plus à fond.

L'étude du matériel de campagne aurait été particulièrement intéressante pour les officiers de l'artillerie de terre que la « Société des Ingénieurs civils » compte parmi ses membres, mais je n'ai pas ici à décrire le matériel actuellement en service.

Il date de vingt ans bientôt, il est connu de tous. Chacun sait qu'après les désastres de 1870, il a fallu reconstituer à tout prix notre armement. M. le colonel de Bange a su accomplir, avec un plein succès, cette œuvre qui a illustré son nom et ce matériel nous a, pendant de longues années, donné la première place parmi les nations européennes au point de vue de l'artillerie de campagne.

Mais les progrès réalisés font qu'actuellement l'artillerie de terre a de nouvelles exigences, les projectiles ont des effets plus meurtriers, on demande aux canons plus de puissance et en même temps plus de légèreté, enfin la rapidité du tir, qui a conduit à des transformations complètes pour l'armement des navires, est considérée désormais comme une des conditions qui s'imposent pour l'artillerie de terre. On est amené, pour atteindre ces résultats, à réduire le calibre, à modifier la fermeture de culasse, à changer le mode de chargement et, surtout, à supprimer, ou tout au moins, à diminuer, dans des proportions notables, le recul de la pièce.

C'est un problème extrêmement difficile, car tous ces desiderata ne sont guères compatibles avec la mobilité, la puissance et la simplicité que, d'autre part, on réclame avec raison.

Un grand nombre d'expériences ont été faites, soit à l'étranger soit en France. Certains systèmes ont donné de bons résultats et indiquent assez nettement la voie à suivre, mais nulle part, pas plus à l'étranger qu'en France, le problème n'a été résolu d'une façon complète. Au surplus, ce qui a été fait a un caractère trop confidentiel pour qu'il en soit question ici.

Les puissances européennes se rendent parfaitement compte que le matériel de campagne est entièrement à renouveler, mais le *statu quo* se maintiendra, surtout chez celles qui ont un armement satisfaisant, en somme, jusqu'au jour où un pays aura donné l'exemple; il s'agit de centaines de millions à dépenser, on ne se décidera qu'à la dernière limite et quand le problème aura reçu une solution satisfaisante et définitive.

Sur le matériel de siège actuel il y aurait peu de choses à dire et nous ne nous y arrêterons pas.

Si dans le matériel de campagne, l'artilleur se heurte à chaque instant aux difficultés particulières qui résultent de l'absence de point d'appui sur le sol, il en est autrement pour le matériel de bord, car, dans ce cas, la pièce est solidement fixée sur une plate-forme résistante.

Le matériel trouve alors un point d'appui ferme, et le problème comporte au point de vue de l'Ingénieur des solutions beaucoup plus nombreuses et plus intéressantes.

Je me bornerai à passer rapidement en revue les progrès réalisés pendant ces dernières années en ce qui concerne l'artillerie de bord, et à les indiquer seulement dans leurs grandes lignes.

Bien qu'elles semblent rester en dehors du sujet, ces considérations générales sont nécessaires pour fixer certaines idées avant d'aborder la question des canons à tir rapide.

Le canon a subi depuis vingt ans une transformation radicale. Pour bénéficier des qualités spéciales des poudres lentes qui, en se détendant, développent une somme beaucoup plus grande de travail lorsque l'espace parcouru par le projectile augmente, on a été conduit à allonger sensiblement les pièces; au lieu d'être gros et court, le canon est devenu élancé et long.

La puissance d'une pièce au point de vue de la perforation des blindages, et c'est là un des principaux objectifs pour les marins, varie avec la puissance vive à la bouche du canon, qui est elle-même proportionnelle au poids du projectile et au carré de la vitesse, d'où la nécessité d'accroître cette vitesse. En outre, en augmentant la vitesse, on a pu obtenir même pouvoir perforant avec un poids de projectile moindre, et même, un pouvoir perforant supérieur, en réduisant le calibre. La réduction du calibre entraîne une réduction de poids malgré l'allongement de la pièce. Nous ne citerons qu'un exemple.

Le canon Canet de 32*cm* de 40 calibres de longueur (1) qui figurait à l'Exposition de 1889, avait été étudié à la demande de M. Bertin, Ingénieur de la marine, qui avait mission de reconstituer la flotte japonaise. Il lançait un projectile de 450 *kg*, avec une vitesse de 730 *m* par seconde en employant les nouvelles poudres, et pouvait perforer à la bouche une plaque de fer forgé de 1,20 *m* d'épaisseur.

Le canon Armstrong de 41 *cm* et le canon Krupp de 40 *cm* avaient exactement la même puissance de perforation, mais le canon Canet pesait 66 *t*, le canon Armstrong 110 *t*, celui de Krupp 121 *t*.

Ces chiffres ne sont évidemment pas rigoureusement comparables, car le canon de 32 *cm* était d'un modèle tout à fait nouveau, tandis que les autres bouches à feu étaient depuis plusieurs années en service. En France surtout, les types actuels en usage dans la marine sont beaucoup plus puissants. Mais cet exemple, qui n'a pas pour but de faire une comparaison de systèmes, indique bien l'influence prépondérante de la vitesse, et combien était juste l'idée qui guidait dans l'étude du tracé de ces nouvelles pièces. Le canon de 32 *cm* était, eu égard au calibre, le plus puissant qui existât à cette époque.

Il n'est pas nécessaire d'insister sur l'intérêt qui s'attachait à substituer aux canons de 100 *t* une pièce d'un calibre moindre. Tout d'abord, la pièce elle-même pesait 66 *t* au lieu de 110 et 120. De plus, les dimensions et, par conséquent, les poids des tourelles des appareils hydrauliques de manœuvre et de pointage, des cuirassements, des munitions elles-mêmes se trouvaient réduits dans une proportion notable. Lorsqu'il s'agit de construire un navire, l'Ingénieur est toujours très limité par la question de poids. Si, tout en disposant d'une égale puissance, on réduit le poids de l'artillerie, il devient possible, soit de diminuer le tonnage des navires, solution peu en faveur actuellement, soit en conservant le même tonnage, d'augmenter très sensiblement le poids de la cuirasse protectrice, ou mieux, de la machine et des approvisionnements en charbon, d'où il résulte une augmentation du rayon d'action ou un accroissement de la vitesse. Or, la vitesse est actuellement une des qualités maîtresses d'un bâtiment de guerre. C'est une arme à la fois offensive et défensive.

On peut dire que les poudres sans fumée et les canons longs

(1) Ce sont ces canons qui sont entrés en ligne tout dernièrement, lorsque la flotte japonaise a écrasé la flotte chinoise, à la bataille de Yalü.

ont porté un coup mortel aux canons dits de 100 *t* qui n'ont plus leur raison d'être. Mais il est difficile de préjuger de l'avenir, car la puissance que doit avoir un canon est imposée par la nécessité de percer une cuirasse d'une épaisseur et d'une résistance déterminées et les progrès faits par les métallurgistes ne permettent pas à l'artilleur de s'arrêter. Il faut avouer que ceux qui ont à lutter contre les blindages sortis de nos grandes usines françaises comme le Creusot, Châtillon et Commentry, Saint-Chamond, Marrel, etc., etc., ont fort à faire !

Nous indiquerons, en passant, pour nous y arrêter plus loin, les progrès considérables réalisés du fait de l'adoption des freins hydrauliques pour les affûts et les perfectionnements apportés depuis lors en vue d'obtenir des efforts aussi constants que possible, afin de réduire la fatigue des ponts.

Ce qui vient d'être dit au sujet des gros canons nous conduit à parler des tourelles. Les tourelles de navires ne permettaient autrefois le chargement du canon que dans une seule position, ce qui obligeait après chaque coup, à revenir dans une orientation déterminée.

Désormais, les tourelles sont munies d'un tube central pour le passage des munitions, le chargement peut se faire dans toutes les positions, le pointeur suit le but dans tous ses mouvements. Pendant ce temps, les autres manœuvres se font indépendamment de lui. C'est là un progrès considérable qui augmente la rapidité du tir.

Ces dispositions ont été appliquées pour la première fois par M. Canet aux tourelles installées à bord des cuirassés : *Marceau*, *Pélayo*, et des canonnières : *Achéron*, *Phlégéton*, *Cocyte* et *Styx*.

Les tourelles ont été équilibrées autour de leur axe afin de réduire les efforts de pointage en direction pendant les mouvements de roulis du navire. Les efforts étant réduits, il a été possible de combiner les manœuvres électriques et les manœuvres à la main, ce qui permet de faire usage des grosses pièces même en cas d'avaries survenues aux appareils mécaniques. Ces dispositions adoptées sur plusieurs navires présentent à tous égards des avantages considérables sur les anciennes installations hydrauliques. Enfin, dans le but d'avoir une protection efficace avec le moindre poids de cuirassement possible, on a été conduit à accoupler les canons dans une même tourelle.

Il est peu de parties du navire qui aient subi autant de perfectionnements que les tourelles.

Il est vrai de dire qu'elles se prêtent admirablement aux diverses applications mécaniques et sont pour l'Ingénieur un terrain très fécond.

La loi presque constante en artillerie, comme pour bien d'autres choses, du reste, est de compliquer toujours en perfectionnant le plus possible les organes au point de vue mécanique afin d'avoir des manœuvres automatiques, des appareils de sécurité, etc. Puis, peu à peu, on s'aperçoit que la complication est trop grande et on revient aux organes simples et aux manœuvres à la main. Nous sommes en ce moment dans une période de simplification. Fort heureusement, car, en compliquant, on avait véritablement dépassé toute mesure. A première vue, et lorsqu'on a visité les belles installations de nos cuirassés, les tourelles qui se construisent actuellement peuvent sembler à un Ingénieur moins ingénieuses et trop simples; en réalité, la simplicité est, au point de vue militaire, une qualité de premier ordre.

L'étude du matériel d'artillerie et la solution des divers problèmes qu'elle comporte donnent lieu à des difficultés spéciales.

En artillerie, il faut compter avec des efforts instantanés. Il n'y a aucune assimilation possible avec une machine dont on peut arrêter le mouvement si les pièces chauffent. Si le matériel d'artillerie n'a pas la résistance voulue, il se brise.

Les efforts instantanés et considérables qui s'exercent pendant des dixièmes de seconde donnent lieu à des phénomènes spéciaux qu'enseigne la pratique, mais qui déroutent au point de vue scientifique et que la théorie ne permet pas toujours de prévoir. Par contre, l'inertie et l'élasticité interviennent souvent, dans une mesure qu'il est difficile d'évaluer; la théorie ne fournit que des données incomplètes sur la résistance élastique des enveloppes, les efforts longitudinaux dans les tubes, l'écoulement des liquides dans les freins, l'élasticité des plates-formes, l'action sur les organes de commande, etc.

Il faut un matériel ajusté au centième de millimètre et en même temps robuste, presque rustique, résistant aux intempéries, à l'action de l'eau et aux traitements *énergiques* des matelots, gens soigneux, mais souvent un peu brusques et forcément inexpérimentés quand il s'agit de nouveaux types.

Pour qu'on se rende compte de la valeur d'un matériel, il faut qu'il ait fonctionné et qu'on ait tiré un grand nombre de coups.

Une bouche à feu ne peut être classée tant qu'elle n'a pas été longuement expérimentée. Or, cette expérience coûte cher; il faut un polygone, du matériel, du personnel habitué à son maniement. Un kilogramme de certaines poudres sans fumée revient à 12 et même 15 *f*, on voit ce que coûtent des tirs de rapidité. Il faut aller pas à pas, et méthodiquement.

On rencontre donc des difficultés toutes spéciales quand il s'agit de matériel de guerre.

C'est là précisément ce qui doit rendre indulgent pour tous ceux auxquels incombe le rôle difficile de maintenir notre armement à la hauteur des progrès modernes.

S'ils se hâtent d'adopter des perfectionnements nouveaux, on les en félicite d'abord, et si le succès ne répond pas aux espérances conçues, on est prompt à les blâmer, en les taxant de légèreté.

S'ils attendent, pour faire les commandes, qu'un type soit mieux établi, qu'il ait reçu la sanction de l'expérience, on les accuse de coupable inertie. Il ne faut pas oublier pourtant, que, dans un pays puissamment armé, le moindre changement dans le matériel a pour conséquence des dépenses de centaines de mille francs et de millions quelquefois, lorsqu'il s'agit de modifications importantes.

Le juste milieu est difficile à tenir, les critiques qu'adressent des gens, en général, peu préparés sur ces questions, sont quelquefois justes, elles servent à tenir l'attention en éveil, mais il faut de l'indulgence pour ceux qui ont la lourde responsabilité des décisions à prendre et se bien persuader que si la plupart des censeurs avaient la même tâche à remplir, ils ne feraient probablement ni mieux, ni plus vite.

Il ne serait pas possible, — sans mériter un rappel au sujet, — de s'étendre davantage sur ces généralités qui étaient pourtant nécessaires. La question la plus intéressante et la plus actuelle est l'artillerie à tir rapide. C'est à cette étude que nous nous limiterons dans la suite de ce travail.

L'artillerie à *tir rapide* est née de la nécessité dans laquelle se sont trouvées les puissances maritimes de disposer d'engins plus efficaces que les anciens canons, contre les croiseurs et les torpilleurs qui sont animés de vitesses très grandes et qu'il faut arrêter, à tout prix, dans un temps très limité.

L'accroissement de la vitesse des navires et la puissance des moyens de destruction font qu'actuellement, sur mer, comme sur terre, les actions seront probablement de courte durée. L'avantage restera, à forces à peu près égales, à celui des assaillants qui, le premier, aura ouvert à grande portée contre son adversaire, un feu rapide avec un tir suffisamment précis.

Faire le plus de mal possible dans le minimum de temps, tel est le but à atteindre.

C'est dans ce but que la mousqueterie a été remplacée par des mitrailleuses disposées dans les hunes.

Contre les torpilleurs, on s'est armé de canons ayant un calibre variant de 37 *mm* à 57 *mm*, simples, permettant une rapidité de tir assez grande. Mais le calibre est faible et ces bouches à feu, qui sont courtes, n'impriment aux projectiles qu'une vitesse initiale relativement réduite.

Les noms de Gatling, Gardner, Maxim, mais surtout de Nordenfelt et d'Hotchkiss restent attachés à tous les travaux faits dans cet ordre d'idées.

Mais la puissance destructive des projectiles s'étant accrue dans une proportion considérable, il a fallu chercher un moyen de mettre hors de service, dès le début de l'action et à distance, l'artillerie de fort calibre qui tire lentement, mais dont chaque coup peut causer d'immenses ravages.

Cette augmentation de la puissance offensive a plus d'importance encore depuis l'apparition des poudres sans fumée. Les poudres ont beaucoup modifié les conditions de tactique et un navire n'est plus obligé d'attendre, pour poursuivre le tir, que la fumée se soit dissipée. Le tir peut donc s'effectuer d'une façon continue et sans interruptions. Rien ne vient plus désormais gêner le pointeur qui ne perd pour ainsi dire pas de vue le but à atteindre, et les coups plus répétés et mieux dirigés deviennent beaucoup plus dangereux.

On a donc été conduit par la force des choses à appliquer le tir rapide non plus seulement à des bouches à feu de petit calibre, mais encore à des canons d'un calibre relativement élevé qui désormais ne sont plus un armement accessoire mais constituent une des parties les plus importantes de l'artillerie, même à bord des cuirassés.

En outre, étant donné l'accroissement considérable des vitesses des torpilleurs (27 1/2 nœuds pour le *Chevalier* construit chez M. Normand et 25 1/2 nœuds pour le *Mousquetaire* construit par les Forges et Chantiers de la Méditerranée et ces vitesses seront certainement surpassées), il serait nécessaire que les canons de 47 et de 57 possédassent plus de puissance et plus de tension de trajectoire que ceux qui sont actuellement en service.

On peut déjà prévoir une transformation inévitable et prochaine.

Mais le grand développement de l'artillerie à tir rapide ne provient pas uniquement de la nécessité dans laquelle se sont trouvés les marins d'avoir des engins de cette espèce; il est dû également à des causes qui ont favorisé ce développement.

Les perfectionnements réalisés dans la fabrication du métal ont mis à la disposition de l'artilleur des tubes longs, résistant bien à tous les efforts.

L'invention des poudres sans fumée permet d'atteindre de fortes vitesses, supprime les crasses et les dépôts que donnait la poudre brune, et ne nécessite plus le lavage de l'âme.

La fabrication, désormais bien étudiée, des douilles en laiton, et la mise en place simultanée de la charge du projectile et de l'amorce, permettent de gagner beaucoup de temps en faisant en une seule opération ce qui auparavant en demandait trois.

Enfin, les progrès considérables apportés aux fermetures de culasse en un seul temps et aux dispositions des affûts ont permis de perfectionner peu à peu ce nouveau matériel.

Ce qui précède suffit pour montrer que les canons à tir rapide de gros calibre sont devenus, comme nous le disions plus haut, un des éléments les plus importants de l'armement actuel des navires et sont appelés, surtout si de nouveaux progrès venaient à être réalisés dans la fabrication des poudres, permettant de réduire encore les calibres, à jouer un rôle de plus en plus important dans l'avenir.

Au-dessous du calibre de 16 *cm* toute l'artillerie est désormais à tir rapide.

Pour l'artillerie à tir rapide dite de gros calibre, qui peut être représentée par les calibres de 10 *cm*, 12 *cm*, 15 *cm*, trois systèmes sont en présence, en laissant de côté certaines dispositions spéciales en usage dans la marine française et qu'il ne nous appartient pas de décrire ici.

Le système Krupp;
Le système Armstrong;
Le système Canet.

Nous ne parlons, bien entendu, que des systèmes éprouvés, comptant des bouches à feu en service, et adoptées par des puissances militaires.

Un certain nombre de bouches à feu, étudiées par différents constructeurs, ont été soumises à des expériences de polygone, soit en France soit à l'étranger; la science de l'artilleur est aujourd'hui assez avancée pour qu'on puisse construire un canon qui ait une certaine résistance, et, qui dans un polygone et aux premiers essais, fonctionne d'une façon à peu près satisfaisante.

Mais il n'est pas possible de savoir ce qu'une pièce est en mesure de donner tant qu'elle n'a pas été mise en service à bord, et que l'adoption par une marine, à la suite d'essais sérieux, n'est pas venue sanctionner la valeur de ce matériel.

En outre, plusieurs des pièces expérimentées ne sont pas à proprement parler des canons à tir rapide, ce sont des modifications de types existants ; elles n'ont été fabriquées qu'après les trois types dont nous parlons qu'elles reproduisent plus ou moins, et seulement à un ou deux exemplaires, ce qui est tout à fait insuffisant pour juger de la valeur d'un système, et nous ne pouvons nous y arrêter.

L'étude est donc naturellement limitée aux trois systèmes Krupp, Armstrong et Canet.

Armstrong a été le premier en date. Il a fabriqué en 1886 et 1887 des canons de 12 *cm* dont la charge était contenue dans des douilles, mais il a conservé jusqu'à ces derniers temps la fermeture à trois mouvements distincts. Son système est adopté en Angleterre et en Italie, il a livré des canons à divers pays notamment à ceux de l'Amérique du Sud.

Krupp a persisté à faire usage du coin cylindro-prismatique se manœuvrant sur le côté, qui présente au point de vue de la rapidité du tir de sérieux inconvénients.

L'Allemagne a adopté ce système auquel renoncent peu à peu un grand nombre de pays. Il y a certainement dans le coin un défaut de principe, mais les Allemands ne veulent pas en convenir pour ne pas condamner eux-mêmes leur matériel, diminuer son prestige et être obligés de renouveler leur armement.

Diverses publications techniques ont donné la description des canons Krupp et Armstrong, cette étude nous entraînerait bien au delà des limites qui nous sont fixées.

Du reste, ce qui nous intéresse surtout c'est ce qui se fait en France et par l'industrie française. Nous n'entrerons donc dans les détails que pour les canons Canet.

Les canons Canet ont été adoptés, après concours, par la Russie. En France, il y a déjà un certain nombre de ces canons à bord de plusieurs bâtiments de la flotte. En outre, divers pays étrangers, le Chili, le Japon, les États-Unis, en ont commandé pour leur armement; ils ont été adoptés en Grèce.

Ce système a donc fait ses preuves et sa mise en service chez deux puissances amies suffit à lui donner un intérêt particulier et à expliquer que nous en fassions ici une étude aussi complète que possible.

Il peut être intéressant, avant d'étudier le matériel lui-même, de dire quelques mots de l'atelier où il est construit, et du polygone où il est expérimenté.

L'atelier d'artillerie de la Société des Forges et Chantiers de la Méditerranée est situé au Havre.

Il est formé de quatre nefs de 126 *m* de longueur.

Au milieu, l'atelier de fabrication des gros canons, sur les côtés, les machines-outils de moindre importance, l'usinage des petits canons, des pièces de culasse, des affûts, des tubes lance-torpille, des projectiles, etc.

La grande nef est desservie par des ponts roulants de 60 et 30 *t*.

Le frettage se fait dans des puits spéciaux chauffés au gaz; les grands tours peuvent usiner des pièces ayant jusqu'à 14 *m* de longueur.

La direction de cet atelier est confiée à M. le commandant Roger, ancien directeur de la Manufacture de Puteaux, qui a installé lui-même toute cette fabrication.

Le polygone d'essai des bouches à feu est à la pointe du Hoc, près du Havre; il est relié aux ateliers par une voie ferrée.

Six plate-formes permettent de mettre les canons en batterie pour faire les tirs. Le montage se fait au moyen d'un transbordeur de 100 *t*.

On exécute soit des tirs dans des chambres à sable pour l'étude des vitesses et des pressions, soit des tirs balistiques en mer. La proximité de la mer permet de tirer à toute distance, d'essayer les affûts à tous les angles et d'expérimenter avec une grande précision les méthodes de tir pour le matériel de bord et les batteries de côte (1).

(1) Voir le *Génie Civil*, 1889.

II. — HISTORIQUE DES CANONS CANET

Après avoir examiné quelles sont les causes qui ont fait naître, en quelque sorte, le canon à tir rapide de gros calibre et qui ont contribué à son développement, il ne sera pas sans intérêt d'étudier de près les phases, on pourrait presque dire les tribulations, par lesquelles a passé le canon Canet.

Les premières études datent de 1887 et 1888 ; la question du tir rapide était à l'ordre du jour; Les Anglais s'en occupaient activement. M. Canet fit breveter plusieurs dispositions et construisit des modèles pour etudier expérimentalement le fonctionnement de la culasse et l'agencement des diverses pièces.

Ces premiers essais permirent de poser immédiatement quelques principes qui guidèrent pour les travaux ultérieurs; mais les leçons données par l'expérience conduisirent à apporter successivement un grand nombre de perfectionnements.

A cette époque, bien peu de gens croyaient à la réalisation pratique du canon à tir rapide pour les calibres moyens et on considérait à peu près comme des utopies toutes les recherches faites dans cet ordre d'idées.

Canon.

Dès le début, il fut admis en principe que le canon aurait une grande longueur d'âme : 45 à 50 fois le calibre. En vue de l'Exposition de 1889, trois canons de 48 calibres de longueur, du calibre de 10 *cm*, 12 *cm*, 15 *cm* furent mis en fabrication.

La construction était simple : un tube d'une épaisseur relativement grande, renforcé à l'arrière par des manchons à agrafes avec serrage transversal et serrage longitudinal.

Les éléments étaient, le plus possible, réguliers de forme, par conséquent d'une trempe facile et peu nombreux, en vertu de ce principe, trop souvent méconnu, que plus les éléments sont nombreux, plus les chances d'imperfection dans l'usinage et dans l'assemblage sont multipliées.

La culasse était logée dans le tube lui-même.

Le canon présentait une égale résistance dans le sens longitudinal et dans le sens transversal.

Dans les canons Canet les chambres ont eu, dès le début de grandes dimensions, ce qui permettait d'employer de fortes charges, et par conséquent, d'obtenir de grandes vitesses initiales. En Angleterre, au contraire, les bouches à feu avaient des chambres généralement trop petites.

Culasse.

Dans un canon à tir rapide, la fermeture de culasse est une des parties les plus importantes.

Il ne pouvait être question de prendre le coin ; la vis de culasse française s'imposait, surtout pour des canons de fort calibre.

Les premiers essais furent faits avec une vis de culasse de forme tronconique, qui avait du reste, déjà été appliquée, dès 1883, aux tubes lance-torpille *(fig. 1, Pl. 120)*.

Le but de cette forme tronconique était de réduire et, dans certains cas, de supprimer la course qu'il est nécessaire de donner à la vis de culasse pour la faire sortir de son logement, avant de commencer le mouvement de rotation de la console. Ce système semblait devoir, *à priori*, augmenter légèrement la rapidité du tir.

Des modèles furent exécutés, mais on renonça bientôt à cette disposition, en présence des inconvénients qu'elle entraînait :

Trop grand découpage à l'arrière du canon, ce qui affaiblissait le tube.

Mauvaise répartition des efforts.

Difficultés sérieuses d'exécution et portage défectueux des filets de la vis dans leur écrou.

En outre, le gain de la rapidité dans le tir était insignifiant et pouvait être compensé par un bon agencement des organes de manœuvre.

Ce n'est donc qu'après essais que M. Canet renonça définitivement à la vis tronconique pour prendre la vis cylindrique dont la construction est plus simple, qui donne une meilleure répartition des efforts et dont le portage peut être obtenu dans des conditions plus satisfaisantes.

La vis tronconique n'a, du reste, de raison d'être qui si l'on conserve les trois mouvements d'ouverture de culasse.

Dès le début, il fut décidé que la manœuvre de la culasse se ferait par un seul mouvement de levier afin d'éviter les trois mouvements ordinaires et de rendre aussi rapide, aussi mécanique, aussi automatique que possible l'action du servant.

Le problème pouvait se résoudre de plusieurs façons. Différents modèles furent expérimentés, entre autres, une culasse à vis hélicoïdale dans laquelle le mouvement de rotation se transformait en mouvement de translation pour faire sortir la vis de son logement (*fig. 2, Pl. 120*). M. Canet se décida, après divers essais, pour une manœuvre commandée par un levier mobile dans un plan horizontal.

Ce levier est calé sur un axe vertical qui porte un pignon d'angle, engrenant avec un secteur denté monté sur la vis culasse. Quand on agit sur le levier le mouvement de rotation se transmet, par l'intermédiaire d'engrenages, à la vis qui décrit un huitième de tour et se dégage de son écrou, puis, en continuant à actionner le levier, on retire la vis vers l'arrière en la faisant glisser sur la console. Enfin, lorsqu'elle est complètement sortie du canon et portée sur la console, en poursuivant le mouvement du levier, on fait pivoter l'ensemble du mécanisme, vis et console, sur le côté, et l'entrée de la chambre se trouve complètement dégagée.

La fermeture de culasse se fait en agissant sur le même levier en sens inverse.

La première pensée avait été, dans le but d'augmenter la rapidité du tir, d'opérer mécaniquement et automatiquement l'ouverture de la culasse, non pas pendant le recul, mais pendant le retour en batterie, au moment où la combustion dans la chambre étant terminée, il n'y a plus à craindre des projections de gaz enflammés. Un levier venant buter sur une tringle à ressort agissait sur un levier de manœuvre et remplissait exactement l'office du bras du servant.

Cette disposition compliquait beaucoup l'affût et ne donnait qu'un gain de rapidité peu appréciable, puisqu'il fallait toujours le temps de charger et de pointer ; on en revint donc à la manœuvre exclusivement à bras, plus simple, aussi rapide pour des canons de cette espèce et beaucoup moins brutale.

L'extraction se faisait au moyen de griffes qui saisissaient le culot de la douille.

Il fut admis, d'une façon absolue et dès l'origine, qu'il ne serait pas fait usage des extracteurs adoptés dans divers systèmes, qui éjectent violemment la douille. La douille ainsi projetée peut être détériorée et les servants qui se trouvent derrière la pièce sont exposés à être blessés.

Au moment où eurent lieu les premières expériences la mise de feu électrique était très en faveur. Le principe consiste à faire passer un courant qui rougit à l'intérieur de l'amorce, un fil de platine de faible diamètre, qui, par l'élévation de la température, détermine l'inflammation de la charge de l'étoupille.

Cette mise de feu, qui présente sur la mise de feu au moyen d'étoupilles à percussion le grand avantage que l'amorce n'est pas sensible au choc, est d'une réalisation pratique assez difficile.

On constate souvent des défauts de contact. Les amorces à percussion, qui sont plus régulières, sont généralement préférées.

Dans le système que nous étudions les étoupilles se vissent au culot des douilles au moment du combat. On évite ainsi les dangers pendant la manutention, et si une amorce a donné lieu à un raté il est très facile de la remplacer presque instantanément, sans vider la douille et sans avoir à manipuler la charge.

Affût.

L'affût n'a pas, pour le matériel qui nous occupe, une importance moins grande que n'en ont les canons, car s'il ne permet pas les manœuvres faciles et rapides tous les perfectionnements réalisés sur la bouche à feu elle-même et la fermeture de culasse restent sans effet.

Il doit donc être spécialement étudié pour ces canons, et former avec la pièce, en quelque sorte, un tout complet.

On conserve toujours dans les affûts à tir rapide les dispositions générales ; l'affût proprement dit, qui porte le canon, est muni des organes de frein ; le châssis, qui soutient l'affût proprement dit et est mobile en direction, et, enfin, la sellette, qui est fixée sur le pont et supporte elle-même le châssis.

Plusieurs principes guidèrent dans l'établissement des projets.

D'abord, il fallait un affût simple, peu encombrant, se manœuvrant facilement en hauteur et en direction, d'où la nécessité d'équilibrer les poids autour des tourillons pour le pointage en hauteur, et, comme il faut prévoir le cas où il y aurait du roulis, autour du pivot de la sellette pour la manœuvre en direction.

Il fallait que le retour en batterie fût automatique et rapide, quelle que fût l'inclinaison du canon, afin qu'on n'ait pas à craindre, de ce chef, des ralentissements dans le tir.

Enfin, il importait que le pointeur eût les volants de manœuvre commodément placés sous la main, qu'il ne fût pas dérangé par les opérations du chargement, qu'il pût constamment conserver l'œil sur la ligne de mire et suivre le but dans tous ses déplacements, comme avec une arme portative.

Cette condition exigeait que le canon reculât suivant son axe, la ligne de mire restant fixe pendant le mouvement de la pièce, tandis que, lorsque le canon remonte sur les glissières inclinées du châssis comme dans les affûts ordinaires en usage actuellement *(fig. 12, Pl. 121)*, cette ligne de mire se déplace parallèlement à elle-même et le pointeur ne peut pas, à tout instant, suivre le but.

La suppression des glissières de châssis formant plan incliné et déterminant le retour en batterie, avait comme conséquence nécessaire, l'emploi de ressorts pour ramener la pièce aussitôt après le tir dans sa position primitive.

D'où une modification complète dans la construction de l'affût proprement dit, et dans l'agencement des freins.

Enfin, les bouches à feu augmentant sans cesse de puissance, il importait de chercher à diminuer les réactions sur les ponts, et de rendre l'action des freins aussi régulière que possible.

Pour étudier pratiquement les valeurs respectives des divers types d'affûts, M. Canet construisit, en 1888, trois modèles différents qui figurèrent à l'Exposition en 1889 et furent soumis aux épreuves de tir.

Ces affûts étaient destinés à des bouches à feu de 10 *cm*, 12 *cm* et 15 *cm*, d'une longueur uniforme de 48 calibres.

Pour les trois types nous retrouvons l'application du même principe : suppression de la gravité pour déterminer le retour en batterie, et emploi des récupérateurs.

L'affût de 15 *cm (fig. 11, Pl. 121)* était à châssis fixe comme les affûts ordinaires de bord, mais les glissières étaient horizontales, ce qui diminuait beaucoup la percussion sur les ponts. A cet égard, l'affût avait beaucoup d'analogie avec celui de 14 *cm* construit par M. Canet deux années auparavant pour l'armement du *Gabriel Charmes*, le bateau-canon de l'amiral Aube, qui eut un moment de célébrité, donna lieu à de si vives polémiques et est redevenu, depuis, un simple torpilleur.

La ligne de mire reculait avec le canon, mais suivant une même ligne horizontale. Les pointages étaient faits par deux servants séparés. Il avait été prévu une manœuvre électrique pour le pointage en hauteur et en direction. La commande se faisait au moyen d'un commutateur unique placé sur le côté gauche, le pointeur manœuvrant le levier du commutateur dans le sens où il voulait voir le canon se déplacer.

Le courant était fourni par des accumulateurs Commelin et Desmazures, au cuivre, zinc et liquide alcalin. Ce sont les accumulateurs qui furent employés, vers la même époque, à bord du navire sous-marin le *Gymnote*.

Cet affût, qui fonctionnait à l'Exposition au moyen de ses appareils électriques, a été décrit dans le *Génie Civil* en 1890. C'était la première application pratique de l'électricité à la manœuvre des affûts.

Le second type d'affût, celui de 12 *cm*, était à châssis oscillant ; le canon, qui n'avait pas de tourillons, était encastré, au moyen d'adents, dans un berceau portant le frein hydraulique. Ce frein était à deux cylindres et à contre-tige centrale. Les deux cylindres (*fig. 9, Pl. 121*) étaient placés de chaque côté, le récupérateur se trouvait à la partie inférieure. Le berceau était lui-même muni de tourillons et porté par des flasques formant la partie fixe du châssis. Sur le côté il était muni d'un secteur pour le pointage en hauteur.

La ligne de mire ne participait pas au mouvement de recul du canon, mais suivait le châssis mobile dans tous ses déplacements en hauteur.

Le pointage en hauteur et le pointage en direction étaient faits par des servants distincts, placés sur le côté gauche.

Le troisième type d'affût avait été étudié pour le canon de 10 *cm* (*fig. 8, Pl. 120*). Il était comme le précédent, à châssis oscillant, mais il présentait cette particularité que le canon était muni d'une collerette remplissant en quelque sorte l'office de piston de frein, et que la pièce reculait dans le manchon faisant lui-même cylindre de frein.

L'affût était muni d'un récupérateur à ressort. Les manœuvres de pointage en hauteur et en direction étaient confiées à un seul pointeur.

Cet affût était muni du dispositif pour la manœuvre automatique de la culasse, dont nous avons parlé plus haut.

Ces trois affûts furent expérimentés au champ de tir de la marine, à Sevran-Livry, et au polygone des Forges et Chantiers de la Méditerranée, au Hoc, près du Havre. Ces premiers essais servirent à fixer les idées et montrèrent dans quelle voie on pouvait poursuivre les recherches pour réaliser un type satisfaisant d'affût à tir rapide.

L'ouverture automatique de la culasse fut supprimée ; la troisième disposition, celle de l'affût de 10 *cm* dans laquelle le canon portait le piston de frein, avait quelques inconvénients et on y renonça provisoirement.

L'affût ordinaire, à châssis horizontal, ne donnait pas complète satisfaction au point de vue de la précision et de la rapidité des manœuvres.

Les expériences montrèrent que l'affût à châssis *(fig. 9, Pl. 121)* oscillant avec récupérateur à ressort, celui du canon de 12 *cm*, répondait le mieux aux desiderata de l'artillerie à tir rapide à condition qu'il fût apporté quelques modifications au type primitif.

La culasse reçut différents perfectionnements. On y ajouta notamment des appareils de sécurité contre les mises de feu prématurées, le dévirage et l'ouverture de la culasse en cas de long feu.

Afin de restreindre les dimensions de l'affût en largeur, et, par conséquent, la surface exposée aux coups de l'ennemi, on fut conduit à placer les cylindres de frein en dessous du canon et non sur les côtés.

Le frein et le récupérateur furent étudiés, bien entendu, de façon à éviter un retour en batterie trop brusque, avec chocs, qui peut détériorer le matériel. On reconnut qu'il n'y avait pas avantage à réduire le recul dans de trop fortes proportions car on était conduit à des efforts trop considérables sur les ponts. Cette dernière considération a une grande importance pour un matériel destiné à être mis en service à bord.

Les manœuvres électriques avaient bien fonctionné, mais on y renonça pour les petits affûts ; la manœuvre uniquement à la main est beaucoup plus simple. Toutefois, l'électricité jugée inutile pour les petits et les moyens calibres, ne fut pas abandonnée. A la suite de ce premier essai, M. Canet en fit des applications nombreuses, et qui furent couronnées de succès, à la manœuvre des canons de gros calibre et des tourelles.

Le principe de mettre entre les mains d'un pointeur unique les deux manivelles de manœuvre en hauteur et en direction fut définitivement consacré. On fut conduit également à étudier les moyens de mettre à sa portée les organes de commande de la mise de feu.

En ce qui concerne les douilles, ces premiers essais permirent de réaliser de très grands progrès, et dans le tracé, et dans la fabrication elle-même. A l'origine, presque à chaque coup, il se produisait des fentes, des cloques, des gonflements qui amenaient des duretés, rendaient le tir rapide, pour ainsi dire impossible, et mettaient les douilles hors de service. Lors des premiers tirs faits à Sevran-Livry avec les canons Canet, on tirait trois ou quatre coups en quatre heures et toutes les douilles étaient détériorées, on souriait alors — c'était en 1890 — quand il était question du tir rapide. Actuellement la rapidité du tir atteint huit, dix, douze coups à la minute et une douille peut resservir sept ou huit fois.

Le problème était extrêmement difficile à résoudre. Si les artilleurs n'avaient pas eu de bonnes douilles, et s'il n'avait pas existé des procédés de fabrication simples et économiques pour usiner les douilles de grandes dimensions, le canon à tir rapide n'aurait certainement pas pu prendre le développement auquel il est parvenu.

Données balistiques.

Le très court aperçu que nous venons de donner sur les expériences faites avec ce matériel ne serait pas complet si nous n'indiquions les résultats obtenus au point de vue balistique.

Les canons furent essayés à des pressions atteignant 3 000 à 3 500 *atm* par centimètre carré, la résistance fut excellente. Les volées de ces canons déjà longs, puisqu'ils avaient 48 calibres, se comportèrent parfaitement

Quant aux vitesses obtenues, elles étaient de 800 et même de 880 *m* dans le canon de 15 *cm* avec de fortes pressions. Aux pressions normales de service, de 2 400 à 2 500 *kg* par centimètre carré, on atteignait couramment 800 *m* avec certaines poudres.

L'épaisseur de la plaque perforée est, dans ce cas, de 60 *cm* environ. Ces canons peuvent donc percer à la bouche une plaque de fer forgé ayant comme épaisseur, environ quatre fois leur calibre.

Ces chiffres étaient obtenus en mai 1890. A cette époque, même aucun canon en service ne donnait une vitesse atteignant 700 *m*. Il y avait donc là un résultat important, obtenu avec les canons Canet, avec une avance de près de deux ans sur les autres constructeurs.

L'accueil fait, au début, aux canons à tir rapide, fut assez froid. On ne croyait généralement pas à la possibilité d'un tir vraiment rapide pour les calibres supérieurs à 10 *cm*.

Il ne paraissait pas possible de placer un projectile de gros calibre à l'extrémité de la douille ; la façon dont ces douilles se comportaient semblait du reste être un obstacle difficilement surmontable qui s'opposerait toujours à la rapidité du tir ; leur emploi ne paraissait pas, à cet égard, devoir simplifier les manœuvres, mais au contraire les compliquer.

La mise en service des canons longs rencontrait de nombreux

adversaires ; on prédisait, surtout avec des canons non frettés à la volée, des ruptures ou tout au moins des flexions dangereuses.

La vitesse initiale et la tension de la trajectoire n'étaient pas regardées comme ayant une importance capitale. Les vitesses de 800 et 880 *m* étaient considérées comme des résultats de polygone, des chiffres à effet, qu'il n'était pas possible d'obtenir dans la pratique. M. Krupp engagea à ce sujet une polémique des plus acerbes, prétendant juger un canon comme une machine, uniquement d'après le rendement d'un kilogramme de poudre ou de métal, ce qui est absolument inexact ; depuis lors, il a dû se rendre à l'évidence.

L'ouverture de la culasse en un seul temps ne paraissait pas nécessaire ; bien des artilleurs préféraient conserver les trois mouvements successifs auxquels les marins étaient parfaitement accoutumés.

Tout dépend, disait-on, de la valeur du canonnier. Cela est vrai, dans une certaine mesure, mais la valeur de l'outil n'en a pas moins une importance considérable. Ce n'est pas l'habileté de main du canonnier ou du mécanicien qui donne au navire la vitesse qui lui manque ou au canon la puissance vive qui lui est nécessaire pour percer un blindage d'une épaisseur déterminée.

On reprochait aussi aux affûts de comporter trop de ressorts d'organes délicats, en un mot d'être trop compliqués. Ce sont évidemment des engins un peu plus compliqués que les anciens types à châssis, mais ils présentent plusieurs avantages très considérables qui, en artillerie comme ailleurs, ne s'obtiennent qu'au prix d'inconvénients inévitables qu'il faut savoir accepter.

Tout cela dépend de la façon dont le problème est posé. Ainsi, comme nous l'avons vu, pour réduire la largeur de l'affût, il est nécessaire de placer les cylindres de freins au-dessous du canon. Les organes sont mieux protégés, mais ils sont plus difficiles à atteindre et à visiter.

Les avantages d'un retour en batterie lent ne s'obtiennent qu'en ajoutant aux organes du frein une soupape, et au prix d'une complication un peu plus grande de ces organes.

Si le pointage se fait vite, l'effort à développer augmente. Par contre, si l'on juge que le pointeur ne doit exercer qu'un effort insignifiant, ce qui est parfaitement juste, il faut se résoudre à n'avoir qu'une manœuvre lente.

Les affûts et les tourelles équilibrés demandent évidemment une étude des plus minutieuses et des soins pour la répartition des poids ; à chaque augmentation de poids faite d'un côté de l'axe de rotation, doit correspondre une addition de poids du côté opposé. Mais ces inconvénients sont compensés par le grand avantage d'une manœuvre plus facile et de la possibilité d'actionner ces engins à bras.

Il n'y a, du reste, rien d'absolu à cet égard.

Un matériel d'artillerie ne sera donc jamais à l'abri de critiques et de critiques fondées. Tout dépend du point de vue auquel on se place.

En dehors même de ces objections techniques, il avait été admis, au début, en France, que la mise en service des canons à tir rapide n'était pas une chose immédiatement nécessaire et qu'on pouvait se contenter de transformer le matériel existant.

En soi, toute transformation d'un matériel qui n'a pas été fait en vue du but précis à atteindre, ne peut pas donner des résultats très satisfaisants, surtout pour le matériel à tir rapide, qui doit répondre à des exigences déterminées, et former un ensemble, un tout, parfaitement défini.

Dans l'espèce, cette transformation qui, au point de vue budgétaire ne nécessitait pas des dépenses considérables, avait des avantages réels. Mais on ne pouvait la considérer que comme une mesure tout à fait momentanée et transitoire, en ne perdant pas de vue qu'il était nécessaire, pour arriver à la vraie solution du tir rapide, d'avoir un matériel nouveau et étudié de toutes pièces.

Les canons qu'on transformait n'avaient qu'une vitesse réduite et étaient montés sur des affûts ordinaires, ce n'était donc qu'un matériel d'attente.

Sur ce point il y a peut-être eu trop d'hésitation à l'origine. Mais cette question a fait, depuis, de la part de la marine française, l'objet d'études très sérieuses en vue d'arriver à une solution complète et absolument satisfaisante.

Les expériences du matériel Canet ne furent pas moins poursuivies ; il y avait déjà un résultat acquis, la possibilité d'avoir des canons longs, un type satisfaisant d'affût, et des vitesses dépassant 800 *m*. Il a fallu quatre ans d'essais persévérants et de perfectionnements successifs pour arriver au modèle actuel.

III. — TYPE ACTUEL

Nous avons vu que les premières expériences conduisirent à faire choix d'un type général de canon à tir rapide et d'affût, mais il restait encore à perfectionner beaucoup.

La seconde phase fut marquée par la construction des canons, dits du type chilien, qui furent expérimentés devant la marine française présidée par M. le général de la Rocque, actuellement directeur de l'artillerie au Ministère de la Marine et devant la commission russe présidée par M. le colonel de Brynk.

La troisième phase fut caractérisée par la mise en service des canons adoptés par le Gouvernement russe et fabriqués pour la marine française, et par la construction des bouches à feu de grande longueur d'âme ayant jusqu'à 80 calibres. Enfin, on arriva au type actuel qui diffère peu, du reste, des deux derniers.

Nous passerons brièvement en revue les transformations successives du matériel.

Canon.

Le type primitif a été très peu modifié ; il est toujours composé d'éléments simples et peu nombreux en acier de la meilleure qualité *(fig. 1 à 3, Pl. 119)*.

La volée n'est pas frettée, mais le tube est épais et possède par lui même une grande résistance transversale. En outre, le moment d'inertie de la section est considérable, ce qui lui permet de bien résister à la flexion. Il ne se produit pas pendant le tir de fléchissements autres que des flexions élastiques. Les expériences exécutées avec des canons de 50 et de 80 calibres et les observations minutieuses après le tir l'ont montré.

La culasse est toujours logée directement dans le tube. La chambre a de grandes dimensions.

Nous retrouvons actuellement, à peu de chose près, le tracé initial ; seulement, les canons ont des longueurs de 50, 60, et même 80 fois le calibre, les vitesses ont été augmentées. Avec le canon de 57*mm*, de 80 calibres (4,60*m* de longueur) on a obtenu 1 013 *m* par seconde. La vitesse du projectile a atteint 1 026 *m* avec le canon de 10*cm* de 80 calibres (8 *m* de longueur) *(fig. 4 et 7, Pl. 120)*. Les poids des projectiles sont respectivement de 2,700 *kg* et de 13 *kg*.

Culasse.

Pour la culasse, la vis cylindrique qui présente, comme nous l'avons vu, des avantages incontestables sur la vis conique, a été conservée, naturellement *(fig. 3, Pl. 120)*.

L'expérience a même donné raison sur ce point, car certains constructeurs, qui avaient adopté d'abord le tracé conique, sont revenus depuis à la vis cylindrique.

L'ouverture se fait toujours par un seul mouvement de levier. L'utilité de ce mouvement unique a été contestée. La marine française, qui a des canonniers parfaitement exercés, a conservé pour certaines de ses bouches à feu les trois mouvements. Dans d'autres culasses, il n'y a que deux mouvements seulement. Pendant les tirs de combat, comme il est nécessaire de voir et de suivre le but, un gain de quelques secondes dans le temps d'ouverture de la culasse, n'a pas, la plupart du temps, une importance capitale, mais il y a lieu, cependant, de prévoir le cas d'un passage de deux navires bord à bord, et alors toute augmentation dans la vitesse du tir aurait son importance.

De plus, avec une manœuvre en quelque sorte automatique, le servant, même le plus inexpérimenté, peut faire l'ouverture sans aucune hésitation dans l'obscurité d'un réduit ou d'une tourelle. C'est une considération qui n'est pas négligeable, car il faut compter avec l'énervement et la précipitation au moment du combat.

Ce principe de l'ouverture par un seul mouvement s'est généralisé depuis. La rapidité de l'ouverture de la culasse prend, du reste, une importance chaque jour plus grande, à mesure qu'augmente la précision du tir et que les perfectionnements apportés aux affûts permettent de suivre le but beaucoup plus facilement et de pointer plus rapidement.

Comme nous l'avons déjà vu, plusieurs additions ont été faites à la culasse primitive :

1° Un loquet monté sur le levier de manœuvre et s'opposant au dévirage ; ce loquet se dégage par simple pression de haut en bas quand on met la main sur la poignée du levier.

2° Un mécanisme de sûreté pour empêcher le servant d'ouvrir la culasse en cas de long feu, ce qui pourrait amener des projections de la vis culasse et occasionner des accidents terribles, car l'inflammation tardive de la charge pourrait se faire au moment même où le servant ouvre la culasse.

3° Un mécanisme avec enclenchement automatique, permettant au pointeur de faire feu, sans effort, en appuyant sur une simple gâchette, de la position qu'il occupe près des volants de manœuvre en avant de la fermeture de la culasse.

4° Les extracteurs ont subi divers perfectionnements.

5° Enfin, la culasse comporte un mécanisme qui peut servir à la fois à la mise de feu mécanique et à la mise de feu électrique, suivant qu'on juge avantageux d'employer l'une ou l'autre.

Affût.

De toutes les parties du matériel, l'affût est certainement celle qui a subi le plus de modifications; on s'est constamment efforcé, afin d'augmenter la rapidité de manœuvre, de diminuer les efforts à exercer pour le pointage *(fig. 14 et 15, Pl. 119)*, ce qui a conduit :

A chercher de plus en plus à équilibrer les parties tournantes;

A supprimer les frottements entre les châssis et la sellette;

A combiner de la meilleure façon possible les organes de commande.

En artillerie, on est conduit généralement à employer comme organes intermédiaires les vis sans fin afin d'éviter la réversibilité des appareils de commande, soit au roulis soit pendant le tir. Il en résulte des frottements considérables et une diminution très appréciable du rendement, mais il n'est pas possible de faire autrement.

Un servant qui n'a que des manœuvres de force à exécuter peut développer des efforts considérables à la manivelle, mais lorsqu'il s'agit d'un pointeur qui a sous la main les deux volants de manœuvre et qui, en même temps, doit conserver l'œil sur la ligne de mire, il est nécessaire de s'en tenir à un chiffre très réduit.

Toutes choses égales d'ailleurs, en diminuant l'effort on diminue la vitesse du pointage, mais le pointage est plus précis; il y a donc compensation. Du reste, tout ce qu'on peut exiger, c'est que deux navires filant vingt nœuds et se croisant à 200 *m* environ puissent se suivre avec leur artillerie. Il est, en somme, inutile de chercher à obtenir une rapidité de manœuvre plus grande.

Le pointeur a été définitivement placé sur le côté *(fig. 6, Pl. 120)*, en avant de la culasse, de façon que toutes les manœuvres de chargement puissent se faire derrière lui et indépendamment de lui.

De cette façon, il n'est pas dérangé par les autres servants et n'est pas incommodé par les gaz délétères qui sortent du canon au moment où la douille est retirée de la chambre. Il a sous la main les volants de pointage en hauteur et en direction et la mise de feu.

Dans les canons du type chilien *(fig. 10, 13 et 14, Pl, 121)*, le pointage en hauteur et le pointage en direction étaient commandés, d'après la demande expresse de la Commission chargée de surveiller l'exécution de ce matériel, au moyen d'une seule manivelle manœuvrée de la main droite. Avec la main gauche, le servant embrayait l'arbre de commande, soit avec le mécanisme de pointage en direction, soit avec le mécanisme de pointage en hauteur. Cette disposition était un peu compliquée; elle donnait lieu à des méprises, car il fallait une manœuvre spéciale pour passer d'un pointage à un autre; les deux volants séparés et indépendants sont plus commodes et donnent au pointeur beaucoup plus d'assurance et de précision.

Toutes les recherches pratiques ont donc porté sur la meilleure manière de disposer ces manivelles. On a été conduit à mettre les volants à peu près à la même hauteur et à les incliner l'un par rapport à l'autre. Le pointeur dont l'épaule est appuyée sur une crosse, manœuvre un volant de chaque main.

A cette question de pointage se rattache celle du nombre et de la répartition des servants.

On compte toujours : un pointeur aux manivelles,

Un servant qui ouvre et ferme la culasse,

Un ou deux servants pour charger,

Un servant pour enlever les douilles.

Le nombre total des servants pour la manœuvre des munitions dépend du calibre de la pièce et des facilités plus ou moins grandes dont on dispose à bord pour effectuer ces manœuvres.

Dans certains cas, les canons ne sont pas montés isolément sur leur affût. Afin de les mieux protéger, on les dispose en tourelle fermée. Ils sont alors accolés l'un à l'autre.

Cette disposition a été adoptée pour la première fois sur les cuirassés type Lagane, à bord du *Capitan-Prat* pour des canons de 12 *cm* et ensuite à bord du cuirassé le *Jauréguiberry*, qui en dérive, pour des canons de 14 *cm*.

C'est une solution avantageuse à certains égards, en ce sens qu'elle permet une protection efficace sans atteindre des poids trop considérables, mais qui a l'inconvénient de mettre les servants un peu à l'étroit pour les manœuvres à tir rapide.

Avant de laisser de côté l'affût et ce qui se rapporte à ses organes généraux, il y a lieu de signaler un perfectionnement important, résultant de la mise en service de petites lampes électriques alimentées par une pile et qui permettent d'éclairer la ligne de mire ; on peut ainsi faire le pointage même dans le cas où on aurait à se servir des pièces pendant la nuit.

Frein.

Le frein, cet organe si important, a été l'objet de plusieurs perfectionnements. La supériorité du frein hydraulique est absolument admise désormais. On réduit le recul de la bouche à feu en opposant une résistance déterminée par la perte de force vive subie par le liquide, mis en mouvement et chassé par un piston, qui, pour se rendre d'une face de ce piston sur l'autre, doit passer par des orifices étroits *(fig. 12 et 13, Pl. 119)*.

Les dimensions de ces orifices varient à chaque instant suivant la variation de l'effort du recul qui dépend de la vitesse imprimée à la partie mobile avec le canon, de façon que l'on ait à tout moment dans le cylindre, une pression constante.

La pression étant constante, il n'y a plus à craindre d'à-coups; l'action du tir sur les ponts est plus régulière; c'est un point d'une importance très grande. Mais, pour atteindre ce résultat, il faut pouvoir faire varier les dimensions des orifices suivant une loi quelconque. A cet égard, les valves tournantes, les soupapes chargées de ressorts qui modifient les dimensions des orifices suivant une loi constante ne donnent pas satisfaction.

La meilleure solution paraît être, jusqu'ici, l'emploi des réglettes à ordonnées variables et surtout de la contre-tige centrale. On voit, du reste, par l'examen des courbes de frein quelles sont les variations de pression dans les divers cas *(fig. 27 à 30, Pl. 119)*.

Ces courbes sont figurées sur la planche jointe. Elles indiquent les variations des vitesses de recul et celles des pressions dans l'intérieur du frein.

Théoriquement, la courbe figurant les variations dans les pressions devrait être une ligne horizontale menée à la hauteur correspondant au chiffre de la pression constante.

Pratiquement, cette courbe présente des oscillations plus ou moins prononcées.

On voit souvent au début ou à la fin du recul des sauts brusques de pression.

Tout naturellement, ces variations se transmettent à la partie fixe de l'affût, et enfin aux ponts du navire en déterminant des à-coups qui les fatiguent beaucoup.

Les freins à valve tournante du système Vavasseur-Canet donnent encore de ces irrégularités de pression.

Les freins Canet à contre-tige centrale permettent au contraire d'arriver à une courbe se rapprochant beaucoup plus de la courbe théorique.

C'est évidemment la rectification de la courbe qu'il faut tâcher d'obtenir par des expériences méthodiques et grâce à un tracé parfaitement étudié des orifices du frein.

L'écoulement du liquide pendant le retour en batterie s'effectue par des orifices étroits, ménagés dans une soupape, qui, le recul terminé, retombe sur son siège. Grâce à cette disposition, on est absolument maître de la vitesse de retour en batterie qui ne doit pas être trop brusque pour ne pas détériorer les organes de l'affût. C'est là une condition essentielle ; car, si on laisse ouverts les orifices du frein pendant le retour en batterie, le récupérateur agit avec violence. Il faut, en quelque sorte, un frein de retour en batterie comme il y a un frein de recul.

Le retour en batterie est obtenu, soit par l'air comprimé, soit à l'aide de ressorts. Pour les affûts à tir rapide, les ressorts sont généralement employés jusqu'ici.

Toutes ces questions paraissent simples actuellement, mais elles ont fait l'objet de bien des discussions, et quand, en 1879, c'est-à-dire il y a quinze ans, M. Canet donnait dans la *Revue d'Artillerie* la théorie des freins hydrauliques qui étaient à peine connus en France, les freins à lame étant seuls en usage, mais avaient reçu déjà de nombreuses applications en Angleterre dans les affûts Vavasseur, une note de la direction de la Revue spécifiait bien que « l'auteur conservait toute responsabilité de ses assertions et qu'il y avait lieu de faire toutes réserves ».

C'était pourtant une question d'intérêt majeur, car l'emploi des freins hydrauliques permettait de réduire considérablement le recul et de diminuer le poids et l'encombrement des affûts. En outre, le frein hydraulique se règle lui-même automatiquement pour ainsi dire.

Lorsqu'on vit que les nouveaux affûts se comportaient bien chacun voulut avoir inventé un frein hydraulique : c'est dans la logique des choses.

Les percussions, les soulèvements et les efforts de toutes sortes ont été considérablement réduits par l'emploi d'un bon frein, par la diminution du couple de renversement, par le fait que le canon recule suivant son axe, et enfin grâce aux dispositions nouvelles des châssis et des sellettes.

Ce point avait une importance très grande pour les installations de l'artillerie puissante à bord des navires légers.

Les affûts sont généralement complétés par un masque de protection de dimensions et de formes variables. L'épaisseur d'acier varie de 10 *mm* à 72 *mm*, mais on s'accorde à n'avoir qu'une confiance limitée dans son efficacité.

Il y a encore bien d'autres considérations qui doivent entrer en ligne de compte dans l'établissement d'un projet d'affût, mais ce sujet nous entraînerait trop loin.

Munitions.

Les projectiles sont de plusieurs sortes :

Les projectiles de rupture en acier chromé, qui sont destinés à percer les cuirasses de grande épaisseur.

Les projectiles ordinaires en fonte qui renferment une charge intérieure de poudre brisante.

Les shrapnels ou les engins qui en dévivent, dont l'intérieur est rempli de balles, et qui se fragmentent en éclats meurtriers. Ces projectiles permettent à distance de couvrir d'éclats le pont d'un navire ou de balayer une plage en vue d'un débarquement. Ils sont munis d'une fusée à temps, qui a pour effet comme dans l'artillerie de terre, de déterminer l'explosion en un point précis de la trajectoire.

Enfin, les obus à grande capacité, contenant des charges d'explosifs puissants qui, lorsque le détonateur agit, éclatent, le plus souvent avec un retard voulu, après avoir pénétré dans l'obstacle, et produisent des ravages considérables. C'est une véritable torpille, projetée à distance par le canon, en éliminant les causes de déviation et d'erreur et avec une précision qui ne se rencontre pas dans les lancements de torpilles ordinaires.

La fabrication des douilles s'est beaucoup perfectionnée. Les mêmes douilles peuvent actuellement être utilisées un grand nombre de fois ; leur gonflement n'est plus comme jadis un obstacle à la rapidité du tir.

La poudre sans fumée, découpée en lamelles, est arrimée, à

l'intérieur, sous forme de petits fagots superposés les uns aux autres.

A l'arrière, la douille porte, comme nous l'avons vu, une amorce qui se visse au moment du branle-bas de combat.

Dans le matériel qui nous occupe, le projectile est placé à l'extrémité des douilles, même pour le calibre de 15 *cm* (*fig.* 4, 5 *et* 6, *Pl.* 119). On augmente ainsi la rapidité de tir; ce point est hors de doute pour le 10 *cm* et le 12 *cm*; pour le 15 *cm* il y a matière à discussion.

La manœuvre d'une cartouche complète pesant 66 *kg* n'est pas chose facile, surtout lorsqu'il y a du roulis.

Cependant, il est plus aisé de manœuvrer à deux une cartouche de ce poids, sur laquelle les servants ont prise, qu'un projectile de 41 *kg* qu'un homme saisit difficilement.

Au point de vue des érosions dans l'âme et, par conséquent, de la conservation des canons, le fait de monter le projectile sur la douille a de sérieux avantages, car l'obus est poussé à bloc et il ne reste pas de jeu entre la ceinture de cuivre et l'âme de la pièce; sur cette question les avis sont très partagés, mais ce n'est, en somme, qu'une question de détail qui dépend beaucoup de la force musculaire des marins qui ont à faire les manœuvres.

La manutention des cartouches a une grande importance dans le cas à tir rapide. Si on ne dispose pas de monte-charges et d'engins de manœuvre simples et bien appropriés, tous les perfectionnements apportés au canon et à l'affût en vue d'augmenter la rapidité du tir restent lettre morte. C'est là un point qui concerne surtout le constructeur du navire, mais il devrait y avoir, à cet égard, une entente parfaite, qui n'existe pas toujours, entre celui qui fait le bâtiment et celui qui l'arme.

IV. — CONSIDÉRATIONS BALISTIQUES

Quelques indications sont nécessaires pour montrer l'intérêt qui s'attache au point de vue balistique à réaliser de fortes vitesses initiales et à accepter les canons longs malgré leur encombrement et les inconvénients que peuvent présenter ces bouches à feu sous le rapport de l'installation à bord.

La puissance vive imprimée au projectile varie proportionnellement au carré de la vitesse initiale.

La puissance de perforation, ce que l'on recherche surtout lorsqu'il s'agit de matériel naval destiné à percer les cuirasses, est une fonction de cette puissance vive et du calibre.

L'accroissement de vitesse initiale augmente donc beaucoup l'effet destructeur d'une bouche à feu.

Comme, d'autre part, à puissance vive égale, la puissance de perforation est d'autant plus grande que le calibre est plus réduit, il y a avantage à diminuer le calibre et à allonger le canon pour donner plus de vitesse au projectile *(fig. 26, Pl. 119)*.

Mais la puissance de perforation n'est pas l'unique objectif de l'artilleur, surtout lorsqu'il s'agit de canons à tir rapide, d'un calibre réduit, en définitive, et qui ne sont pas destinés à percer de grosses cuirasses.

Étant donné l'artillerie à tir rapide, la question la plus importante est la tension de la trajectoire.

Pour un même angle de projection, plus la vitesse augmente, plus la trajectoire se rapproche du sol.

Les ordonnées diminuent et, par conséquent un but, un navire, qui n'a jamais qu'une hauteur assez limitée, court d'autant plus de danger d'être rencontré par la trajectoire que cette trajectoire est plus tendue. La zone dangereuse est alors plus grande. On peut définir cette zone dangereuse, l'espace dans lequel un but : de hauteur donnée, est constamment exposé aux coups de l'ennemi. Elle est représentée par la projection de la partie de la trajectoire pour laquelle l'ordonnée est au plus égale à la hauteur H du but.

Par conséquent, tant qu'il se trouvera dans cette zone, un navire de hauteur H sera rencontré par la trajectoire.

Plus la zone dangereuse augmente, plus le navire met de temps à la parcourir. Pendant ce temps l'artillerie ennemie pourra envoyer un plus grand nombre de projectiles et les chances d'atteindre le but se trouvent encore augmentées.

Enfin, les mêmes déplacements du but nécessitent de moindres rectifications de pointage.

Le point le plus important dans le tir rapide, c'est de supprimer pour l'homme la nécessité de mettre à chaque instant la hausse à la graduation voulue et de modifier son pointage.

Il doit n'avoir d'autre préoccupation que de suivre constamment le but en ayant l'œil sur la ligne de mire.

La solution idéale serait évidemment de tirer de but en blanc sans avoir à se préoccuper de la hausse et en modifiant seulement l'angle de tir *(fig. 22, 23, 24 et 25, Pl. 119)*.

C'est une question de vitesse initiale et c'est pour cela que l'on attache, et avec raison, tant d'importance à cette augmentation de vitesse. Nous citerons un exemple emprunté à un article sur les canons longs qui a paru dans la revue *la Marine de France*, du 9 avril 1893, et qui présente la chose sous une forme tangible.

« Les simples indications qui suivent montrent, d'une façon très nette, le parti qu'on peut tirer d'un canon dont la vitesse initiale dépasse les chiffres admis jusqu'ici.

» Supposons qu'on ouvre le feu sur un but de 6 *m* de hauteur (1) avec un canon de 57 *mm* imprimant 1 000 *m* de vitesse au projectile de 2,700 *kg*.

» Il y aura d'abord une première zone dangereuse s'étendant de la bouche à feu au point de rencontre avec le niveau de la mer de la trajectoire dont l'ordonnée maximum est de 6 *m*. Puis, au delà, il y a une seconde zone dangereuse jusqu'à l'intersection avec le niveau de la mer de la trajectoire dont l'ordonnée, à l'extrémité de la première trajectoire, est de 6 *m*.

» La première trajectoire rencontre le niveau de la mer à 1 524 *m* et la seconde à 1 806 *m*.

» Si nous prenons un torpilleur n'ayant que 2,50 *m* de saillie au-dessus de l'eau, les points extrêmes des deux trajectoires correspondantes sont 1 101 *m* et 1 403 mètres. Si l'on suppose deux crans de hausse dont l'un correspond à la première trajectoire et l'autre à la seconde, on tirera d'abord avec le second cran à partir de 1 800 *m* dans le premier cas et de 1 400 *m* dans le deuxième ; puis lorsque le but se sera rapproché de 200 *m* environ, le pointeur tirera avec le premier cran, l'œilleton ayant été abaissé de la quantité voulue par une simple pression de la main. On réalise ainsi le tir de but en blanc, d'une façon complète jusqu'à 1 500 et 1 100 *m*, et d'une manière satisfaisante, jusqu'à 1 800 et 1 400 *m*. N'est-ce pas là un résultat d'une importance capitale ?

» Pour le canon de 10 *cm* Canet, de 80 calibres, imprimant à un projectile de 13 *kg* une vitesse de 1 000 *m*, les chiffres sont les suivants (2) :

But de 6 *m* : première zone dangereuse, 1 835 *m* ; deuxième zone dangereuse, 2 240 *m*.

» But de 2,50 *m* : première zone dangereuse, 1 262 *m* ; deuxième zone dangereuse, 1 761 *m*.

(1) Cette hauteur de 6 *m* peut être considérée comme l'élévation moyenne des grands croiseurs au-dessus de l'eau.

(2) Nous prenons ces chiffres parce qu'ils ont paru dans diverses publications.

» Ce canon de 10 *cm* perce à la bouche 50 *cm* de fer forgé.
— — — à 1 500 *m* 30 *cm* —
— — — à 2 500 *m* 20 *cm* —

» N'est-ce pas là une bouche à feu suffisamment puissante, même à grande distance, surtout contre des navires cuirassés à 10 *cm*, suivant les idées qui ont cours actuellement?

» Cette pièce n'a-t-elle pas, en faisant la balance de tous les avantages, une supériorité certaine sur les canons lançant des projectiles beaucoup plus lourds avec une faible vitesse initiale.

» La question du poids du projectile est toujours le gros argument des Allemands et des Anglais, parce qu'ils n'ont pas encore de canons très longs.

» Cet argument est sans aucune valeur pratique pour l'artillerie à tir rapide qui n'a jamais eu comme objectif de couler un cuirassé à distance et d'un seul coup de canon.

» D'autre part, le calcul montre (la chose n'était pas évidente *a priori*) que pour une même portée un projectile tiré avec des vitesses croissantes a des dérivations de plus en plus faibles.

» On doit donc admettre que la vitesse initiale est considérable et, par conséquent, l'écart en direction diminue; cela résulte d'une façon très nette des derniers travaux balistiques de Siacci et de Mayewski.

» Il n'y a donc aucune objection à formuler, sur ce point, contre les fortes vitesses initiales qui assurent à tous égards, et en dehors de toutes les considérations de zones dangereuses, une plus grande stabilité sur la trajectoire et une justesse de tir plus considérable. »

Ces données, un peu ardues, sont absolument nécessaires pour faire ressortir et cela d'une façon absolue, et quel que soit le système dont il s'agisse, l'importance prépondérante de la vitesse.

Elles expliquent que, dès le début, ceux qui ont senti ce que devait être l'artillerie à tir rapide se soient attachés à trouver la solution de ce problème. Les vitesses de 800 et de 1 000 *m* sont désormais un fait acquis, et c'est là un point capital.

La marine française a même, dans des essais faits avec une bouche à feu d'expérience de 16 *cm* rallongée à 90 calibres au moyen de tronçons rapportés, obtenu des vitesses de 1 100 *m* et même de 1 200 *m*.

Toutes ces considérations paraissent simples et évidentes;

mais, il y a trois ou quatre ans, on n'y attachait pas la même importance; on ne croyait pas aux canons longs à la suite des mécomptes survenus en Angleterre, avec des bouches à feu n'ayant qu'une longueur moyenne. Il a fallu se rendre à l'évidence.

M. Canet a été le premier à s'engager et à persévérer dans cette voie, malgré les critiques dont il a été l'objet et qui ne lui ont certes pas été ménagées. Les premières expériences ont fait tomber les hésitations et on ne veut plus désormais que des canons longs.

Canons à tir rapide de côte.

Il a été fait une application intéressante du matériel à tir rapide, à la défense des côtes. Ce matériel peut rendre de grands services. Dans ce cas, la plate-forme de tir est fixe et n'est pas soumise aux oscillations du roulis, l'approvisionnement de la pièce est plus rapide, les évaluations de distance s'obtiennent avec plus de précision *(fig. 15, Pl. 121)*.

Le canon et l'affût sont identiques au matériel de bord, mais la sellette est fixée sur un socle plus ou moins élevé pour permettre de tirer au-dessus d'un parapet. Des appareils spéciaux servent pour la manœuvre des munitions.

V. — RAPIDITÉ DU TIR

Nous ne parlons de la rapidité du tir qu'en dernier lieu. Elle dépend, en effet :

Du mécanisme de manœuvre de la culasse;

Du chargement simultané des trois éléments de la cartouche, projectile, charge, étoupille;

De la nature de la poudre employée;

Des dispositions générales de l'affût et du frein;

De la tension de la trajectoire.

D'après ce qui précède, on voit que rien n'a été négligé dans le type de canon qui nous occupe, en vue d'accroître le plus possible cette rapidité.

Le matériel à tir rapide forme un tout complet, étudié dans ce but.

Les tirs de polygone ont donné, sans rectifier le pointage :

10 coups par minute pour le 12 *cm*.

12 coups par minute pour le 15 *cm*.

En visant sur but mobile, on atteint cinq à six coups. Dans le combat, c'est ce chiffre, et même un chiffre un peu inférieur, qu'il faut prendre comme moyenne. Cela dépend des facilités qu'a le pointeur pour suivre son but.

C'est déjà un résultat remarquable, quand on songe qu'avec les canons ordinaires, les affûts à châssis et les poudres brunes, on ne dépassait pas, il y a quatre ou cinq ans, une vitesse de un coup à un coup et demi par minute.

Usure des canons.

Mais, à propos de la rapidité du tir, il y a lieu de se demander si on ne s'expose pas à détériorer rapidement un matériel très perfectionné et très coûteux, et s'il n'en résultera pas la nécessité de renouveler souvent ce matériel?

Cette question est intimement liée à l'étude de l'artillerie à tir rapide, et l'action des poudres à l'intérieur des canons donne lieu à des observations intéressantes pour l'artilleur et aussi pour l'ingénieur, au point de vue scientifique.

Un canon bien construit dépérit par usure, par mort lente en quelque sorte, plutôt que par mort violente. Non pas que sa résistance diminue. Dans un canon bien construit, la résistance reste toujours sensiblement la même, mais l'âme se détériore, augmente de diamètre, devient rugueuse et finit par rendre le tir extrêmement difficile (*fig. 16, Pl. 121*).

Ces détériorations se produisent à l'avant de la chambre où est logée la charge, au delà du cône de raccordement sur lequel vient s'appuyer la ceinture du projectile. Ce sont, au début, de petites stries longitudinales, qui forment bientôt un sillon, se rejoignent et finissent par déterminer des cavités et des affouillements. On a beaucoup discuté pour savoir quelle était la cause des érosions.

L'hypothèse d'une action chimique, due au soufre, a été écartée tout au moins comme agent principal, car la formation des sulfures de fer est impossible avec les nouvelles poudres qui ne contiennent que des matières organiques ; or, les érosions ont continué à se produire comme avec les poudres ternaires.

L'explication la plus logique et la mieux justifiée est celle qui consiste à attribuer ces effets à l'action mécanique et, en même temps, à l'action calorifique des gaz à très haute pression et à très haute température, qui s'échappent avec une vitesse considérable par des orifices très étroits qui se trouvent entre la paroi du canon et la ceinture du projectile. C'est une sorte de burinage, de poinçonnage, analogue à l'action du jet de sable sur le verre.

L'action mécanique n'est pas seule en jeu, car les poudres à base de nitroglycérine qui développent une quantité de chaleur beaucoup plus considérable, donnent, à pression égale, sensiblement plus d'érosions que les autres. Les mécomptes survenus en Angleterre avec la Cordite en sont une preuve irréfutable.

Les poudres sans fumée françaises dérivées de la poudre Vieille ne donnent pas les mêmes inconvénients et ne détériorent pas l'âme des canons plus que les poudres prismatiques brunes.

Les poudres à la nitroglycérine abîment l'intérieur des douilles et déterminent une véritable fusion et rongent l'âme de la pièce.

C'est en grande partie pour cela que l'usage de ces poudres ne s'est pas généralisé jusqu'ici, malgré les propriétés balistiques très remarquables qu'elles possèdent. Actuellement même, on tend à les abandonner dans tous les pays.

Ces érosions se produisent quel que soit l'acier employé. Cependant l'acier Martin, forgé et fibreux, paraît mieux résister que l'acier au creuset dont la structure est cristalline.

En somme, les expériences faites en France avec des aciers de provenances diverses, n'ont pas montré qu'il y ait de très grandes différences entre les divers échantillons, et il n'est pas possible, pour un établissement métallurgique, de revendiquer à son profit le privilège de livrer un acier qui ne soit pas susceptible de se détériorer sous l'action des gaz de la poudre.

Certains canons tirés à de fortes pressions avec les poudres à la nitroglycérine ont été mis hors de service au bout de quelques coups seulement.

La question des poudres est donc intimement liée à celle du bon fonctionnement des douilles et de la conservation de la bouche à feu. Elle a un intérêt tout spécial pour l'artillerie à tir rapide, car un canon pourrait être mis hors de service au bout de quelques minutes. C'est à ce titre qu'il a paru nécessaire d'en dire quelques mots.

Un canon Canet de 10 *cm*, à tir rapide, a tiré déjà au polygone de la marine, à Gavre, près de cinq cents coups sans qu'il se soit manifesté la moindre détérioration dans l'âme.

Du reste, en France, nous avons des poudres qui ne nous donnent aucune inquiétude à cet égard.

Nous avons passé en revue divers perfectionnements apportés au matériel à tir rapide. Mais le mérite n'en revient pas uniquement à l'artilleur, le poudrier a eu sa large part, la part la plus large même, et on peut dire que l'admirable invention de M. Vieille a été le point de départ de l'artillerie à tir rapide.

En outre, les appareils enregistreurs et les appareils de mesure de toutes sortes ont permis de se rendre compte de phénomènes ignorés jusqu'à ces dernières années, de faire une étude scientifique et méthodique de la combustion des poudres et des efforts développés pendant le tir.

VI. — APPAREILS DE MESURE

Nous ne pouvons donc nous dispenser, en toute justice, de donner quelques indications sommaires sur ces appareils de mesure dont le rôle en artillerie a été si considérable.

Les pressions des gaz de la poudre dans l'âme, qui en service normal sont de 2 400 à 2 500 *atm* par centimètre carré, s'élèvent à certains coups à 3 000 *atm* et au delà. Il importe donc d'être fixé au moins approximativement sur leur valeur.

Elles sont évaluées par l'écrasement, sous l'action des gaz, d'un petit cylindre de cuivre taré à l'avance, et dont la hauteur est observée à l'aide d'une vis micrométrique.

Les vitesses du projectile se mesurent au moyen du chronographe le Boulenger-Bréger. Le projectile traverse deux cadres placés à une distance déterminée, et détermine par son passage à travers un réseau de fils, deux ruptures successives de courant. On observe le temps que met le projectile pour franchir cette distance, et par conséquent sa vitesse, au moyen d'un dispositif basé sur le principe de la chute des corps.

Lorsque les artilleurs commencèrent à étudier méthodiquement les freins, il devint nécessaire de connaître à chaque instant la vitesse de recul du canon pour se rendre compte de la puissance vive dont est animée la masse en mouvement.

Cette vitesse de recul est donnée par le vélocimètre de M. le général Sébert, qui enregistre la longueur des vibrations d'un stylet sur un ruban métallique recouvert de noir de fumée et entraîné au moment du tir par la partie qui recule.

C'est de l'invention du vélocimètre que datent, en somme, tous les perfectionnements réalisés dans les freins.

M. le général Sébert a fait encore de nombreuses et intéressantes applications de ces principes aux projectiles enregistreurs qui mesurent l'accélération de ces projectiles dans l'âme, et à beaucoup d'autres instruments qui ont permis d'étudier des phénomènes ayant une durée de millièmes et de dix-millièmes de secondes.

Parmi les autres appareils, on peut citer le flectographe qui indique le soulèvement de l'affût.

Les balances manométriques donnent des indications suffisamment précises sur l'étendue du cône des gaz à la sortie de l'âme.

Les percussions sur le pont des navires peuvent se mesurer comme les pressions à l'aide de cylindres crushers placés sous la sellette.

L'outillage d'un polygone de tir comporte encore des baromètres, hygromètres, thermomètres, anémomètres, télémètres.

Enfin des appareils de grande précision; Palmers, Etoile mobile, Miroir, servant à mesurer les épaisseurs et les diamètres aux centièmes de millimètres et à observer l'intérieur de l'âme pour s'assurer qu'il n'y a pas eu de dégradation pendant le tir, etc.

Ce qui précède indique à quel point l'artillerie est une science spéciale, combien elle demande de soins particuliers, d'études méthodiques et d'observations méticuleuses.

C'est grâce à ces appareils de mesure dont les inventeurs l'ont dotée, que l'artillerie marche désormais d'un pas sûr.

Mais les expériences de laboratoire et la perfection des méthodes d'observation ne suffisent pas, il faut que l'ingénieur intervienne créant un matériel d'un fonctionnement assuré et utilisant pratiquement et avec sécurité les données scientifiques.

VII. — RÉSUMÉ

Il importe, au risque de nous répéter, de résumer en quelques mots les points principaux qui ont été traités au cours de ce travail; de préciser en quelque sorte les exigences en vue desquelles le matériel Canet, qui a fait plus spécialement l'objet de cette conférence, a été construit.

Ce sont, pour ainsi dire les desiderata de l'artillerie à tir rapide que nous passerons en revue.

Pour le canon, en dehors de la résistance et des garanties de bon fonctionnement, il fallait une construction simple. La grande longueur d'âme s'impose, mais il est nécessaire d'avoir un tracé qui donne toute sécurité contre les flexions ou les ruptures de volées.

Les considérations de rendement par kilogramme de métal c'est-à-dire le rapport de la puissance vive du projectile au poids du canon ou à celui de la charge, intéressantes pour une machine, n'ont, en artillerie, qu'une importance secondaire. Ce qu'il faut c'est un canon puissant, formant avec son affût un ensemble pouvant s'installer facilement à bord, dont le projectile soit animé d'une forte vitesse initiale et parcoure une trajectoire très tendue. On ne saurait actuellement s'en tenir aux vitesses moyennes, surtout depuis que les vitesses de 1 000 *m* ont été dépassées.

Pour la culasse : vis cylindrique parfaitement guidée à chaque instant, n'étant pas en porte-à-faux sur le volet ou la console, se manœuvrant par un seul mouvement de levier; appareils de sécurité contre la mise de feu prématurée, le dévirage, l'ouverture hâtive de la culasse en cas de long feu.

Extracteur agissant progressivement et ne projetant pas violemment la douille au dehors du canon.

Affût simple, robuste, peu encombrant, donnant le minimum d'efforts sur les ponts.

Freins hydrauliques donnant une pression constante; récupérateur permettant d'obtenir un retour en batterie suffisamment rapide, mais sans choc.

Équilibrage de l'affût autour des axes de rotation afin de pouvoir réduire les efforts de pointage.

Mécanisme de pointage distinct pour la manœuvre en hauteur et la manœuvre en direction. Ces mécanismes et les organes de mise de feu sont placés sous la main d'un pointeur isolé et indépendant, en dehors de la zone où s'effectuent les mouvements d'ouverture et de fermeture de la culasse.

Disposition générale de l'affût permettant au canon de reculer aisément toujours suivant son axe quel que soit l'angle de tir; la ligne de mire ne participant pas au mouvement de recul du canon, et le pointeur pouvant conserver constamment son œil sur cette ligne de mire.

Tels sont les principes qui ont guidé M. Canet et qui lui ont permis de construire un matériel qui a fait ses preuves et a donné à bord un bon service.

Aucun accident, aucun manque de résistance, n'a été signalé, soit aux épreuves de polygone, soit à bord. Ce n'est pas un matériel n'existant que sur le papier. Les nombreuses vues de canons et d'affûts jointes à ce travail l'indiquent suffisamment.

Dans le système Krupp, on a conservé le coin logé dans une

mortaise pratiquée dans la jaquette, disposition qui est considérée comme présentant des inconvénients au point de vue de la répartition des efforts pendant le tir. En outre, le coin est beaucoup moins maniable que la vis.

Les vitesses des canons allemands sont réduites. Elles ne dépassent guère 700 à 740 *m*. Ces canons ne sont pas assez puissants, étant donné les nécessités actuelles.

Le système Armstrong a donné quelques mécomptes au point de vue de la résistance, les accidents récents survenus au polygone de Silloth et à bord des navires de la flotte brésilienne en sont une preuve.

Les Anglais ont eu des difficultés à atteindre de fortes vitesses initiales. Ils ont dû modifier plusieurs fois les chambres, ce qui a conduit à changer le tracé des douilles et par conséquent, les approvisionnements de munitions. C'est un grave inconvénient quand on veut avoir dans une marine un type réglementaire bien défini.

La vis tronconique qu'employait Armstrong a été abandonnée par la marine française qui l'a expérimentée.

Les canons anglais ne sont pas assez longs pour retirer tout le bénéfice voulu des nouvelles poudres.

Les Anglais, comme les Allemands, ont une poudre à base de nitroglycérine (ces types peuvent, du reste, être fabriqués en France également), poudre très intéressante au point de vue balistique, mais qui n'est pas encore suffisamment connue au point de vue de la conservation, et qui donne, dans tous les cas, des érosions importantes.

C'est en Angleterre, que l'on a, pour la première fois, appliqué le tir rapide aux canons d'un calibre supérieur à 10 *cm*, mais en somme, c'est en France que l'on a vu le plus nettement dès l'origine, ce que devait être le canon à tir rapide, et à quelles exigences il devait satisfaire.

La France n'a rien à envier aux autres pays, sous ce rapport.

VIII. — CONCLUSION

Ce qui précède, fait ressortir, d'une façon assez nette, toutes les difficultés d'ordre technique qu'il a fallu vaincre pour arriver à un type satisfaisant de canon à tir rapide.

Nous dirons en finissant un mot des obstacles d'une autre nature rencontrés par l'industrie du matériel de guerre, en général, pour arriver à son développement actuel.

Depuis longtemps déjà, l'industrie française s'occupe des armements, soit en fabriquant de l'acier à canon, des blindages, des projectiles, soit en construisant des navires. Quelques établissements avaient usiné pour la France, ou livré à des puissances étrangères des canons d'un modèle réglementaire, des canons de Bange, par exemple, pour le service de campagne, mais sans avoir de types spéciaux. Ce n'est que depuis la loi de 1885, qui permet la libre fabrication du matériel de guerre, fabrication non autorisée officiellement jusque-là, que la construction des canons, des affûts et des tourelles a pris son essor, en tant qu'industrie.

Les « Forges et Chantiers de la Méditerranée » sous l'impulsion d'un homme qui a laissé une trace profonde partout où il a passé, M. Béhic, ont été le premier établissement se spécialisant d'une façon complète dans ces questions d'artillerie — j'entends la partie construction, et non la partie métallurgique — en créant un atelier approprié à ces travaux et un polygone d'essai, et en ayant un matériel, le matériel Canet, qui lui est propre. Ce système est, en quelque sorte, le type de l'artillerie construite actuellement en France (en dehors, bien entendu, du matériel réglementaire français dont nous n'avons pas à nous occuper ici), car il comprend, non pas quelques bouches à feu isolées, mais un ensemble complet d'artillerie ayant fait ses preuves et étant actuellement en service.

Il y a lieu également, de rendre hommage aux efforts faits dans cet ordre d'idées par nos puissantes usines métallurgiques, comme le Creusot, Saint-Chamond et également par l'usine Cail, en vue de l'étude du matériel à tir rapide de bord ou de campagne.

Grâce à tous ces efforts combinés, la France a, à l'heure actuelle, sa grande industrie de canons, les uns fournissant l'acier, les autres le mettant en œuvre, comme l'Allemagne a Krupp et l'Angleterre a Armstrong. Cette branche est venue compléter notre admirable industrie de blindages et de projectiles qui, actuellement occupe le premier rang.

Toutefois, malgré cette liberté donnée par la loi de 1885 et l'essor que cette législation a imprimé aux fabrications d'artillerie, les industriels français se sont trouvés dans une situation spéciale et souvent difficile.

Certaines formalités administratives limitent parfois leur liberté d'action.

Le monopole des poudres est entre les mains de l'État, qui ne peut naturellement se plier à toutes les exigences des industriels, comme le ferait une usine privée. Dans les autres pays, la fabrication des poudres est libre, mais sous le contrôle de l'État, bien entendu, ce qui semble à première vue, être le corollaire naturel de la libre fabrication des armes de guerre.

Les matières premières atteignent souvent un prix élevé.

En outre, les canons français avaient à lutter contre un véritable monopole, qui, de tout temps, avait été entre les mains des Anglais et des Allemands. Krupp et Armstrong disposaient donc d'une très grande force, car, en matière d'artillerie, quand il existe un type réglementaire dans un pays, il faut, pour le changer, des raisons d'ordre technique bien sérieuses sans parler des considérations budgétaires.

Il y avait là une position acquise, très forte, et un obstacle *a priori* à l'expansion de notre industrie au dehors.

Cette situation commence à se modifier, et les commandes, tout au moins en ce qui concerne l'artillerie de bord, tendent de plus en plus à venir en France.

Il est juste d'ajouter que nos usines, accoutumées au contrôle très sévère de l'artillerie française, et instruites, dans une certaine mesure, par l'expérience acquise en travaillant pour l'État, sont arrivées à une perfection d'usinage qu'on trouve difficilement ailleurs.

Mais une industrie de matériel de guerre, quelle que soit la perfection des types proposés, ne peut se développer et avoir des débouchés non seulement dans le pays, mais encore à l'étranger, qu'à condition d'être encouragée et soutenue par l'État. C'est ce qui se fait en Allemagne et en Angleterre. S'il en est autrement, les étrangers n'ont qu'une confiance limitée dans des engins qui n'ont pas été adoptés ou pris en considération dans le pays même.

Cette manière de voir n'est pas tout à fait exacte, du moins en ce qui concerne l'industrie française, parce qu'en France toutes les études et la fabrication du matériel de guerre réglementaire sont entre les mains de l'artillerie, soit de terre soit de mer, qui a des ateliers parfaitement outillés et pour certaines choses, surtout pour la construction, se suffit à elle-même sans faire appel à l'industrie.

D'autre part, on ne peut admettre que l'État soit obligatoirement le protecteur né de tout industriel jugeant à propos de s'occuper de questions d'armement. Il faut évidemment donner des garanties sérieuses.

Mais il n'en est pas moins vrai que tout antagonisme entre l'État et l'industrie a des conséquences fâcheuses et pour l'un et pour l'autre. Il y a une juste mesure à garder.

Certaines questions ont été mal engagées et ont amené des malentendus regrettables. Sous prétexte de secret d'État on a cherché parfois, à éliminer l'industrie privée.

Quelques officiers à idées larges ont tout fait pour modifier cet état de choses. Ils ont senti le parti que l'on pouvait tirer des ressources de l'industrie qui, en somme, livre toutes les matières premières, les blindages, les projectiles, etc. A part certains travaux d'assemblage et de construction que l'État se réserve, elle a la grosse besogne.

Ils ont senti qu'il y avait là une force considérable qu'il fallait savoir guider et utiliser à propos. L'industrie leur doit beaucoup et elle s'efforce, du reste, de le leur prouver en marchant avec eux la main dans la main et en se mettant en toute circonstance à leur disposition pour étudier les problèmes qu'ils lui posent.

Le patriotisme éclairé consiste à favoriser le développement de l'industrie du matériel de guerre.

Au point de vue économique, cette industrie fait vivre des milliers d'ouvriers, en France, avec l'argent venant de l'étranger, argent qui, sans cela, irait certainement en Angleterre ou en Allemagne. Ces commandes se répartissent entre toutes les branches : charbon, tôles de navires, blindages, machines, cordages, voilures, ameublements, instruments de précision, projectiles, douilles, appareils électriques, etc., etc. Il y a là une source considérable de richesse et une occasion toujours nouvelle de perfectionner les types et d'augmenter la puissance de production.

L'État, en somme, bénéficie directement de la prospérité de l'industrie des armes de guerre, au point de vue financier et au point de vue du développement de l'outillage et des moyens d'action dont il peut disposer à un moment donné.

Le prestige national s'accroît par le fait de cette exportation, car un État qui construit de bons canons et arme l'étranger est considéré comme fortement armé lui-même et ayant à cet égard une supériorité reconnue. C'est à lui que l'on s'adresse pour les armements et son influence dans certains pays s'augmente par le fait même. J'ajoute que c'est une grande illusion de croire qu'en cas de refus de notre part certaines nations ne pourraient pas s'armer.

Les Anglais et les Allemands, envisageant la question à un point de vue plus général et plus pratique, assimilent, ce qui est en partie exact, du moins quand il s'agit de pays armés et civilisés, le matériel de guerre à un produit industriel quelconque : le charbon, par exemple, est aussi nécessaire que les armes pour faire une guerre maritime.

Ils favorisent de tout leur pouvoir, même en agissant directement par voie diplomatique, le développement de cette industrie et l'exportation du matériel de guerre, car ils se rendent bien compte qu'au fond le pays finit toujours par en bénéficier sous une forme ou sous une autre.

Il existe, cela n'est pas douteux, un courant qui porte toutes les puissances à s'armer ; il est de l'intérêt de chaque grande nation de canaliser dans une mesure raisonnable ce courant à son profit.

Il importe dans cette matière si délicate de bien remettre les idées au point, car elles ont été absolument faussées.

Cette question pourrait faire à la Société des Ingénieurs civils, qui est une tribune indépendante, ouverte à toutes les libres discussions, l'objet d'une nouvelle communication plus détaillée et permettant d'élargir le débat.

Nous n'avons voulu, à cet égard, que donner quelques indications.

Je ne dirai plus qu'un mot.

Plusieurs d'entre vous, Messieurs, ont encore le souvenir de la campagne faite à la fin de l'année dernière, en Angleterre, dans le but d'obtenir de nouveaux crédits pour l'accroissement de la flotte.

Il y eut, comme dans la campagne faite par la presse française, à côté de quelques critiques justes, de très grandes exagérations. C'est une question qu'il ne nous appartient pas de reprendre ici.

Mais des discussions qui se sont engagées chez nos voisins nous ne retiendrons qu'une chose, sans nous faire d'illusions d'ailleurs sur la portée des éloges intéressés décernés au matériel lui-même ; c'est, à notre point de vue particulier, l'hommage rendu à la construction française et à l'esprit scientifique des Ingénieurs français, par deux hommes particulièrement compétents en matière de construction navale et d'armement.

Sir Charles Dilke disait dans le *Daily Graphic* du 29 novembre dernier.

« La Marine française est incontestablement supérieure à la nôtre, au point de vue de ses canons et de l'emploi de projectiles à explosifs puissants. En outre, les Français construisent mieux que nous les navires de guerre. C'est là un fait qui surprend si l'on considère notre supériorité comme constructeurs de bateaux de commerce, mais il ne paraît pas y avoir sur ce point même l'ombre d'un doute. La preuve en est que presque toutes les commandes importantes faites par les puissances neutres sont confiées à la France. La Seyne et la Ciotat construisent les meilleurs navires existants, et cela en dépit de presque tous les désavantages naturels. Ces villes n'ont ni charbon, ni bois, ni main-d'œuvre économique; tout doit être importé, même la main-d'œuvre.

» Ce n'est que grâce au talent dont font preuve les Français dans l'étude et l'exécution des projets que les puissances neutres envoient leurs commandes aux établissements de la Méditerranée au lieu de les confier aux chantiers de la Tyne. »

Sir E. Reed, à son tour, ajoutait dans une interview avec le même journal, sous le titre : *France the leader in naval science.*

« L'esprit scientifique des Français ne s'est jamais révélé d'une façon aussi brillante, au point de vue de ses applications aux sciences navales, que dans ces dernières années. Nous pouvons être sûrs que les avantages offerts à la Marine française par les perfectionnements apportés aux navires de guerre et à leur armement sont parfaitement bien compris et appréciés en France, et je suis convaincu, après ce que j'ai vu, que, dans l'avenir, la Marine française montrera autant d'habileté et d'élan au combat que de science dans les travaux techniques. »

Ainsi, de l'aveu même des Anglais, l'esprit de méthode des Ingénieurs français a triomphé des difficultés de toutes sortes qu'ils ont rencontrées sur leur route. L'industrie privée, si critiquée parfois, n'a-t-elle pas le droit de revendiquer sa part de ces éloges? C'est de la liberté donnée à l'industrie privée, de la collaboration de tous les jours entre les corps officiels et cette même industrie qu'est né l'état de choses actuel dans lequel chacun apporte, les industriels comme les autres, sa pierre pour l'édifice commun, et contribue pour une part plus ou moins grande à la prospérité intérieure, à l'indépendance au point de vue des armements et à la puissance militaire du pays.

ANNEXE I

Description du mécanisme de culasse pour canons Canet à tir rapide

La fermeture de culasse des canons à tir rapide Canet est réalisée au moyen d'une vis à filets interrompus manœuvrée par un levier horizontal *(fig. 3, Pl. 120)*.

Ce mode de fermeture est caractérisé par les points suivants *(fig. 7 à 11, Pl. 119)* :

I. — Les organes de la fermeture sont combinés de telle sorte qu'en agissant sur le levier de manœuvre dans un seul et même sens on obtient successivement les trois effets suivants :

1° Rotation de la vis-culasse dans son écrou.

2° Dégagement de la vis.

3° Rotation de la vis et de son support autour de la charnière de ce support.

Ces trois mouvements se reproduisent en ordre inverse lorsqu'on agit sur le levier de manœuvre dans un sens contraire à celui de l'ouverture.

II. — Les douilles sont arrachées au moyen d'un extracteur à griffe logé dans la paroi de la vis.

Cet extracteur présente sur certains systèmes actuellement employés les avantages suivants :

1° Il occupe une place très restreinte dans le mécanisme de fermeture et n'en diminue par suite aucunement la résistance.

2° Sa puissance et sa durée d'action sont calculées de manière à extraire les douilles progressivement sans aucune violence. On évite ainsi les projections de douilles qui peuvent détériorer ces douilles elles-mêmes ou blesser les servants qui se tiennent derrière la pièce.

3° Sa puissance est suffisante pour extraire les douilles même légèrement gonflées sans toutefois exercer sur la partie bourrelet qui est en prise un effort exagéré pouvant compromettre la résistance.

Au cas où la limite de cet effort serait atteinte par suite d'un gonflement inusité d'une douille trop souvent réfectionnée, un dispositif spécial permet de faire cette extraction.

III. — Les organes de la mise de feu sont munis d'appareils de sécurité qui empêchent le départ du coup lorsque la culasse n'est pas complètement fermée.

Description.

Le système de fermeture de culasse à tir rapide Canet comprend :

1° La vis de culasse avec son extracteur,
2° Le volet console,
3° Les pièces de l'appareil de manœuvre,
4° L'appareil de mise de feu avec ses deux dispositions permettant à volonté l'emploi d'étoupilles obturatrices à percussion ou d'étoupilles obturatrices électriques.

Vis de culasse. — La vis de culasse proprement dite est une pièce cylindrique en acier forgé percée suivant son axe d'un canal dans lequel est logé l'appareil de mise de feu. — La surface extérieure est découpée en huit secteurs, dont quatre lisses et quatre filetés correspondant avec des secteurs analogues pratiqués dans la partie arrière du tube de la bouche à feu et formant écrou de culasse.

Dans l'un des secteurs vides est ménagé le logement de l'extracteur. Cet extracteur est un levier articulé autour d'un axe. Il est terminé d'un côté par une griffe pouvant saisir le culot de la douille et de l'autre par une queue agissant sur un ressort. Grâce à ce dispositif, lorsque dans la période de fermeture, la vis culasse, arrive en contact avec le culot de la douille qui a été introduite dans la chambre, l'extracteur pivote autour de son axe et son extrémité, terminée en griffe, franchit le bourrelet du culot avec lequel elle doit entrer en prise et revient en place sous l'action du ressort.

La face arrière de la vis culasse est évidée de manière à recevoir une bague conique munie d'une denture sur laquelle viennent agir les organes du mouvement de l'appareil de manœuvre

Volet Console. — Le volet console est en acier forgé. Il se compose d'un anneau logé dans un évidement de la tranche arrière du canon et d'une console de forme spéciale perpendiculaire à la tranche arrière de la culasse.

Cette console sert de support et de chemin de glissement à la vis culasse et aux organes de l'appareil de manœuvre.

Le volet est alternativement relié au corps du canon et à la vis culasse par un verrou à faces inclinées. Un tenon fixé sur le canon et taillé en biseau vient agir sur le verrou au moment de la fermeture et rend le volet solidaire du corps du canon.

Appareil de manœuvre. — Les diverses pièces que comporte cet appareil sont :

1° Un levier à deux branches : la plus grande est terminée par une poignée à ressort qui permet d'agir sur un levier dont l'extrémité opposée est, au repos, engagée dans un crochet monté sur la tranche de culasse (ce dernier dispositif ne figure pas sur le dessin) ; la plus petite est terminée par un galet pouvant se déplacer dans une rainure appropriée de la console.

2° Un axe vertical dont la tête est élargie en forme de secteur denté engrenant avec la denture qui porte la vis culasse et dont la base est solidement fixée dans le levier de manœuvre au moyen d'une clavette ou maintenue par un écrou.

Cet axe porte une came qui, dans la période d'ouverture, prend appui sur un grain de décollage fixé dans la console.

3° Un tube creux portant le nom d'axe d'entraînement qui est vissé dans le corps de la vis culasse.

4° Le support de l'axe d'entraînement qui sert de coussinet à l'axe vertical et de manchon à l'axe d'entraînement. Ce support repose sur la console au moyen de glissières.

5° Un bouchon fixé à l'arrière de l'axe d'entraînement par un emmanchement à baïonnette.

Le fonctionnement de ces pièces est le suivant :

Lorsque l'on appuie verticalement sur la poignée du levier de manœuvre, le levier d'enclenchement se dégage du crochet fixé sur la tranche arrière du canon ; il suffit alors, pour ouvrir la culasse, de tirer en arrière d'un mouvement continu le levier de manœuvre.

Dans la première partie de ce mouvement, il se produit autour de l'axe vertical une rotation dont l'effet est de faire tourner la vis culasse dans son logement de manière à dégager les filets en prise.

Cette rotation est limitée par une butée ménagée sur la tranche arrière de la culasse.

A ce moment le galet monté à l'extrémité du petit bras du levier de manœuvre a commencé à s'engager dans la deuxième partie de la rainure pratiquée dans la console. En continuant à agir sur le grand bras du levier de manœuvre, en tirant vers l'arrière, on détermine la sortie de la vis culasse et par suite l'extraction de la douille. Les griffes de la console maintiennent pendant ce temps la vis de culasse et s'opposent à tout mouvement.

Lorsque la vis est complètement dégagée de son logement dans le canon, l'axe du levier de manœuvre et le petit bras se trouvent bloqués, le volet tend donc à obéir à l'action du levier qui le tire vers l'arrière.

Sous l'influence de cette traction, le verrou à face inclinée glisse dans la rainure qui lui est ménagée dans le volet et abandonne son logement dans le canon pour s'engager dans le corps de la vis culasse.

Dès lors la vis et le volet sont solidaires et l'ensemble de ces deux pièces peut librement osciller autour de la charnière du volet.

Pendant la première période de cette rotation finale, l'extracteur continue à agir sur le bourrelet de la douille, puis il l'abandonne définitivement.

Pour fermer la culasse il suffit de repousser le grand bras du levier de manœuvre d'arrière en avant, la série des opérations précédemment décrites se faisant exactement en sens inverse.

Appareil de mise de feu pour étoupilles obturatrices à percussion. — L'appareil de mise de feu pour étoupilles obturatrices à percussion se compose d'un percuteur logé dans le corps de la vis culasse et terminé à l'arrière par un renflement qui sert de logement à la détente.

Le ressort qui détermine la mise de feu est appuyé d'une part contre un manchon claveté sur la tige du percuteur, de l'autre contre une bague maintenue par le bouchon arrière de l'axe d'entraînement.

Pour déterminer la mise de feu il suffit d'agir sur l'un ou l'autre des deux bras d'une gâchette dont le bec vient buter contre le piston à ressort qui constitue la détente. Ce mouvement a pour effet de tirer en arrière, puis d'abandonner à un moment donné la détente et par suite le percuteur.

Ce percuteur revient alors brusquement en avant sous l'influence de son ressort et frappe l'étoupille fixée dans le culot de la douille.

La queue de la gâchette appuie sur une tige à ressort. Cette tige peut s'engager dans un logement pratiqué dans la vis culasse lorsqu'on manœuvre cette gâchette; mais ce mouvement n'est possible que si la tige est en face de son logement, c'est-à-dire si la vis culasse est bien fermée.

Par conséquent, la gâchette ne peut avoir une course suffisante et déterminer l'armée du percuteur que lorsque la culasse est complètement fermée.

Ce dispositif constitue donc un appareil de sécurité d'une grande précision.

Pour la manœuvre à bord la gâchette est actionnée par une tige qui, grâce à un enclenchement spécial, permet de bander un ressort placé sur les longrines de l'affût.

Une manivelle est placée à la portée du pointeur pour que celui-ci puisse, au moment voulu, dégager la tige qui, sous l'influence de son ressort, revient brusquement en arrière et actionne la gâchette.

D'ailleurs, le canon, en revenant en batterie, bande lui-même le ressort et rétablit l'enclenchement de la tige.

Lorsqu'on a agi sur la mise de feu et que le canon n'a pas reculé, le bonhomme de sûreté reste engagé dans son logement et il n'est pas possible d'ouvrir la culasse. C'est ce qui constitue l'appareil de sécurité en cas de long feu.

Les nouvelles culasses sont disposées pour permette à volonté la mise de feu à percussion et la mise de feu électrique.

Pièces composant le mécanisme de fermeture pour canons Canet à tir rapide.

Liste des pièces du mécanisme de fermeture (fig. 7 à 11, Pl. 119).

Vis-culasse A.

Bague dentée B, et sa vis de fixation C.

Axe d'entraînement D.

(Ces quatre pièces sont réunies ensemble une fois pour toutes, et ne doivent pas être démontées).

Bouchon de l'axe d'entraînement E.

Volet console F.

Axe de la charnière du volet console G et sa goupille *a*.

Verrou de fermeture du volet H avec son bonhomme à ressort *b*.

Levier de manœuvre K avec sa poignée L et son galet de guipage J.

Arbre vertical de commande M.

Clavette de fixation *c* de l'arbre dans le levier avec boulon de serrage *d*.

Secteur denté N avec sa goupille *e* et sa clavette *f*.

Support de l'axe d'entraînement en deux parties O.O'.

Percuteur P avec son ressort Q sa bague R et la clavette de cette bague S.

Détente T avec son ressort *g*.

Gâchette U.

Axe de la gâchette I.

Bonhomme de sûreté V avec son ressort *h*.

Extracteur à griffe X.

Axe de la griffe Y.

Ressort de l'extracteur avec son chapeau Z

ANNEXE II

Description du frein hydraulique

A CONTRE-TIGE CENTRALE SYSTÈME CANET, AVEC RÉCUPÉRATEUR A RESSORT POUR LA RENTRÉE AUTOMATIQUE EN BATTERIE.

La description qui suit peut être considérée comme se rapportant au matériel type.

Le frein hydraulique, système Canet, se compose *(fig. 12 et 13, Pl. 119)*:

1° D'un cylindre de frein B venu de fonte avec un manchon A qui entoure le canon.

2° D'un piston dont la tige C est fixée dans une crosse D venue de forge avec le canon.

3° D'une soupape K reposant sur le dos du piston grâce à la pression de ressorts L appuyant sur une butée M.

4° D'une tige H à profil variable pénétrant dans un orifice central qui est pratiqué dans le piston.

Le récupérateur à ressorts se compose :

1° D'un piston plongeur E entourant la tige de piston.

2° D'une traverse F.

3° De deux colonnes de ressorts G chargeant cette traverse.

Le fonctionnement de ce frein à récupérateur est le suivant :

Au moment du tir, le canon recule dans le manchon A entraînant avec lui la crosse D et par suite le piston C. Le liquide contenu dans le cylindre de frein est alors refoulé de l'arrière à l'avant du piston. Il passe par l'orifice annulaire compris entre les bords du trou central ménagé dans le piston et la tige H.

Le profil variable de cette tige permet de régler à chaque instant la section de cet orifice annulaire et par suite les pressions qui se développent dans le frein.

La précision de ce mode de réglage est telle que l'on obtient, pendant toute la durée du recul, une pression sensiblement constante dans le cylindre et un effort constant sur les pièces de l'affût.

Le liquide qui a franchi l'orifice central du piston passe au travers des orifices ménagés dans ce piston et soulève la soupape K. Mais l'introduction de la tige de piston C dans le cylindre B a pour effet de déterminer un déplacement vers l'avant du piston annulaire B qui porte la traverse F, ce qui produit un accroissement de tension des ressorts chargeant cette traverse. C'est la détente de ces ressorts qui détermine la rentrée en batterie du canon en refoulant de nouveau le liquide à la fin du recul de l'avant à l'arrière du piston.

Pour régler la rapidité de ce mouvement de rentrée en batterie, des orifices de dimensions convenables sont ménagés dans la soupape K qui s'est refermée à la fin du recul.

A la fin de la rentrée en batterie, la crosse D de la tige de piston vient buter sur un tampon élastique qui limite le déplacement vers l'avant du système mobile, on évite ainsi les chocs trop violents. *(Voir fig. de 27 à 34, Pl. 119, les courbes obtenues avec divers freins.)*

ANNEXE III

Forges et Chantiers de la Méditerranée. — Canons Canet, à tir rapide, modèle 1894.

Données balistiques.

		CALIBRES									
		57 MILLIMÈTRES		65 MILLIMÈTRES		10 CENTIMÈTRES		12 CENTIMÈTRES		15 CENTIMÈTRES	
		Longueur 60 calibres	Longueur 70 calibres	Longueur 50 calibres	Longueur 60 calibres	Longueur 45 calibres	Longueur 50 calibres	Longueur 45 calibres	Longueur 50 calibres	Longueur 45 calibres	Longueur 50 calibres
Longueur totale du canon *mm*		3 420	3 990	3 250	3 900	4 500	5 000	5 400	6 000	6 750	7 500
Poids du canon . . . . *kg.*		600	700	650	750	1 800	1 950	2 800	3 200	5 800	6 300
Poids de l'obus de rupture *kg.*		2,7	2,7	4	4	13	13	21	21	40	40
Poids approximatif de la charge de poudre sans fumée. . . . . *kg.*		1,0	1,1	1,2	1,5	3,5	3,5	5,8	5,8	9	9
Poids approximatif de la cartouche complète (obus serti) . . . . *kg.*		5,2	5,6	7	7,5	22	22	35	35	65	65
Vitesse initiale à la bouche *m.*		860	900	780	850	760	800	760	800	760	800
Vitesses restantes en mètres à.	500.	721	753	666	731	678	712	688	724	702	739
	1 000.	604	630	569	627	604	635	625	656	649	683
	1 500.	505	528	486	540	539	566	567	595	600	632
	2 000.	423	442	415	464	480	505	513	540	555	583
	2 500.	359	373	359	400	429	450	466	489	513	540
Puissance vive totale en mètres-tonnes à	à la bouche	101,8	111,5	124,0	147,3	382,7	424,1	618,2	685,0	1 177,6	1 304,8
	500.	71,5	78,0	90,4	108,9	304,3	335,9	506,6	561,0	1 004,7	1 113,4
	1 000.	49,1	54,6	66,0	80,1	241,7	267,2	418,1	460,6	858,7	951,0
	1 500.	35,1	38,4	48,2	59,4	192,5	212,3	341,1	378,9	733,9	814,3
	2 000.	24,6	26,8	35,1	43,9	152,6	169,0	281,2	312,1	627,9	692,6
	2 500.	17,7	19,5	26,3	32,6	121,9	134,1	232,4	255,9	536,5	594,5
Épaisseur en centimètres de la plaque de fer forgé traversée normalement à	à la bouche	23,2	24,4	22,5	25,4	32,3	35,4	38,6	41,6	48,9	52,9
	500.	17,7	18,5	17,7	20,2	27,1	29,6	33,1	35,8	43,3	46,8
	1 000.	13,3	14,1	13,9	15,9	22,7	24,9	28,6	30,8	38,3	41,4
	1 500.	10,2	10,8	10,9	12,6	19,0	20,8	24,6	26,5	34,0	36,8
	2 000.	7,8	8,2	8,5	10,0	15,9	17,5	21,0	22,8	30,1	32,5
	2 500.	6,1	6,3	6,8	8,0	13,4	14,6	18,2	19,6	26,7	29,5
Flèche maximum de la trajectoire pour les portées de.	500.	2,01	1,50	1,31	1,10	1,53	1,25	1,15	1,11	1,02	0,98
	1 000.	6,14	5,14	4,0	3,11	4,87	4,33	4,12	3,90	3,55	3,48
	1 500.	10,77	9,26	8,8	7,05	8,14	7,73	7,38	7,02	6,53	6,33
	2 000.	18,17	16,15	15,7	12,71	14,57	13,49	13,13	12,50	11,95	11,52
	2 500.	27,76	25,23	28,0	22,26	22,47	21,12	20,97	19,96	18,58	17,82
Portées en mètres angles de	3°. .	3 025	3 320	2 810	3 125	3 380	3 605	3 520	3 835	3 935	4 145
	5°. .	3 795	4 260	4 030	4 335	4 525	4 780	4 725	5 140	5 240	5 685
	7°. .	4 410	4 985	4 860	5 285	5 370	5 705	5 755	6 105	6 285	6 465
	10°. .	5 345	5 840	5 880	6 265	6 470	6 765	6 950	7 2[illegible]0	7 605	8 150
	15°. .	6 390	6 960	7 100	7 510	7 865	8 165	8 430	8 845	9 225	9 895
	20°. .	7 135	7 840	8 070	8 580	8 930	9 225	9 495	9 985	10 520	11 225
	25°. .	7 735	8 545	8 760	9 290	9 770	10 055	10 375	10 975	11 350	12 220
	30°. .	8 280	9 065	9 310	9 850	10 415	10 665	11 065	11 560	12 140	12 960
	35°. .	8 785	9 475	9 690	10 245	10 950	11 150	11 695	12 090	12 995	13 505

ANNEXE IV

Expériences de tir faites avec un canon Canet de 32 centimètres de 40 calibres de janvier à octobre 1891

POIDS DU PROJECTILE	NATURE DE LA POUDRE	POIDS DE LA CHARGE	VITESSE INITIALE	PRESSION	PERFORATION EN CENTIMÈTRES de fer forgé
Canon n° 1.					
kg		kg	m	kg	
455	PB_1S	224,200	655	2 292	102,4
447	»	240,000	679	2 575	108,3
451,5	BN	135	701,7	2 392	113,9
448,5	»	138	696,7	2 140	112,7
469	PB_1S	245	689,6	2 439	114,7
448,5	»	255	703,6	2 669	114,5
450,5	»	240,300	676	2 389	107,5
Le canon et l'affût ont supporté, sans aucune fatigue, ces tirs. La culasse est ouverte par un seul homme.					
Canon n° 3.					
450	PB_1S	240	689,9	2 517	
451	»	240	690	2 515	
450	»	240	690,7	2 384	
451,5	»	240	690,1	2 553	
451,5	»	240	692,2	2 740	
451	»	255	717,6	2 866	
451	BN	135	670,2	2 089	
450	»	140	700,7	2 421	
450,5	»	144	727,4	2 553	
Canon n° 2.					
451,5	PB_1S	240	686	2 845	
449,5	—	240	689	2 749	
451,5	—	255	715	2 813	

Résumé des expériences faites avec un canon Canet à tir rapide de 15 centimètres de 48 calibres.

DATE DES TIRS	POIDS du PROJECTILE	POIDS de LA CHARGE	NATURE de LA POUDRE	VITESSE INITIALE	PRESSION MOYENNE	OBSERVATIONS
	kg	kg		m	kg	
27 mars 1890 . .	40,315	8	BN	508	650	
— . .	40,305	10	—	597	990	
— . .	40,180	12	—	702	1 770	
28 mars 1890. . .	40,560	13	—	739	2 165	
— . .	40,335	14	—	793	2 645	Tir de résistance.
— . .	40,250	15	—	837	2 910	—
19 mai 1890. . .	40,390	14 500	—	846	2 880	—
— . . .	40,155	15,000	—	878	3 280	—
12 décembre 1891	40,000	8	BNG	765	2 340	
— . .	40,000	8,5	—	823	2 747	Tir de résistance.
— . .	40,000	9	—	843	2 717	—
— . .	40,000	9,5	—	870	3 080	—

Résumé des expériences faites avec les canons Canet de 15 centimètres de 45 calibres, à tir rapide

MODÈLE 1889

DATE DES TIRS	POIDS du PROJECTILE	POIDS de LA CHARGE	NATURE de LA POUDRE	VITESSE INITIALE	PRESSION MOYENNE	OBSERVATIONS
	kg	kg		m	kg	
19 février 1891. .	39,550	8	BN — n	578	923	
— . .	39,850	9	—	625	1 410	
— . .	40,100	10	—	686	1 990	
4 avril 1891. . .	40,450	10,5	—	716	2 210	
24 mars 1891 . .	40,380	11	—	748	2 680	
24 février 1891. .	40,525	11,5	—	770	2 930	
3 août 1891 . . .	40,000	8,3	BN — n_2	—	—	Salve de 4 coups durée 24 secondes.
17 juin 1891. . .	40,365	7	BN — p	583	1 410	
— . . .	40,345	8	—	641	1 890	
— . . .	40,445	9	—	704	2 520	
23 juin 1891. . .	40,000	9,5	—	727	2 605	
— . . .	40,420	9,75	—	742	2 995	
9 juillet 1891 . .	40,000	9,75	—	Salve de 10 coups en 65 secondes sans pointer.		
— . . .	40,000	9,75	—	Salve de 10 coups en 92 secondes en pointant sur but fixe.		
— . . .	40,000	9,75	—	Salve de 5 coups en 69 secondes en pointant sur but mobile.		
— . . .	40,000	9,75	—	Salve de 5 coups en 51 secondes en pointant sur but mobile.		
3 août 1891 . . .	40,120	6,5	BNG — v	657	1 500	
— . . .	39,780	7,5		748	2 112	

Résumé des expériences de tir faites avec les canons Canet à tir rapide de 10 centimètres de 48 calibres.

MODÈLE 1888

DATE DES TIRS	POIDS du PROJECTILE	POIDS de LA CHARGE	NATURE de LA POUDRE	VITESSE INITIALE	PRESSION MOYENNE	OBSERVATIONS
	kg	kg		m	kg	
4 décembre 1889.	13,040	2,4	BN — α 1er lot	559	995	
—	13,100	2,8	—	610	1 340	
—	12,950	3,2	—	682	1 710	
18 décembre 1889	13,050	3,5	—	739	2 245	
—	13,100	3,8	—	779	2 650	Tir de résistance.
—	13,120	3,9	—	797	2 830	—
12 septembre 1890	13,100	1,5	BNG — β	510	710	
—	13,070	1,75	—	565	815	
—	13,100	2	—	621	990	
—	13,100	2,25	—	671	1 440	
—	13,060	2,50	—	723	1 880	
—	13,060	2,75	—	754	2 135	
—	13,100	1,50	BNG — α	540	920	
—	13,070	1,75	—	614	1 220	
—	13,200	2	—	662	1 675	
—	13,100	2,25	—	714	1 970	
—	13,150	2,50	—	760	2 205	
—	13,100	2,75	—	804	2 590	
—	13,070	2,75	—	804	2 610	
23 octobre 1890.	13,110	2	BNG — λ	663	1 675	
—	13,070	2,25	—	683	2 065	
—	13,100	3	—	843	2 660	Tir de résistance.
—	13,150	3	—	842	2 680	—

Résumé des expériences faites avec les canons Canet de 12 centimètres de 45 calibres, à tir rapide.

MODÈLE 1889

DATE DES TIRS	POIDS du PROJECTILE	POIDS de LA CHARGE	NATURE de LA POUDRE	VITESSE INITIALE	PRESSION MOYENNE	OBSERVATIONS
	kg	kg		m	kg	
14 janvier 1891.	21,280	3,75	BN-*b*-89	596	1 155	
—	21,265	4,5	—	663	1 555	
—	21,300	5	—	708	2 245	
—	21,350	5,5	—	749	2 435	
—	21,305	5,75	—	774	2 575	
—	21,300	6	—	795	2 960	
24 février 1891.	21,430	4	BN — *p*	602	1 455	
—	21,380	4,5	—	661	1 890	
—	21,275	5	—	710	2 185	
—	21,285	5,5	—	758	2 630	Tir de résistance.
9 juillet 1891. .	21,000	5,5	BN — p_1	Salve de 9 coups, durée 53 secondes sans pointer.		
— . .	21,000	5,5	—	Salve de 11 coups, durée 108 secondes en pointant sur but fixe.		
— . .	21,000	5,5	—	Salve de 5 coups, durée 76 secondes sur but mobile.		
— . .	21,000	5,5	—	Salve de 5 coups, durée 73 secondes sur but mobile.		
— . .	21,000	5,5	—	Salve de 5 coups, durée 37 secondes sur but mobile.		
23 juin 1891. . .	20,950	5,75	BN — p_1	759	2 690	Tir de résistance.
—	21,000	6	—	803	3 035	—
15 décembre 1891	20,800	4,75	BN — *r*	656	1 745	
—	21,200	5,25	—	712	2 060	
—	20,845	5,75	—	758	2 440	
—	20,770	6,25	—	801	2 985	Tir de résistance.
31 juillet 1891. .	21,100	3,5	BNG — β	666	1 560	
3 août 1891. . .	20,910	4	—	740	1 885	
— . . .	21,150	4,5	—	800	2,315	

Expériences de tir faites avec un canon Canet de 10 centimètres de 80 calibres, à tir rapide et les poudres sans fumée françaises.

DATE DES TIRS	POIDS DU PROJECTILE	POIDS DE LA CHARGE	NATURE DE LA POUDRE	VITESSE INITIALE	PRESSION MOYENNE
	kg	kg		m	kg
20 septembre 1892	13	4,8	Poudre sans fumée	911	2 117
—	12,9	4,9	Type I	930	2 259
—	13	5,0	—	933	2 276
—	13,8	5,1	—	950	2 372
—	12,8	5,3	—	979	2 512
—	13	5,5	—	1 008	2 789
—	13	5,6	—	1 026	2 979
—	13	5,15	—	980	2 516

Expériences de tir faites au polygone du Hoc, en mai et juin 1892, avec un canon Canet de 57 millimètres de 80 calibres, à tir rapide MODÈLE 1891

POIDS DU PROJECTILE	NATURE DE LA POUDRE	POIDS DE LA CHARGE	VITESSE INITIALE	PRESSION
kg		kg	m	kg
2,700	BNG	1,000	780	1 438
2,700	—	1,200	906	2 024
2,700	—	1,300	958	2 267
2,690	—	1,350	972	2 296
2,700	—	1,350	998	2 541
2,700	—	1,400	1 001	2 570
2,700	—	1,400	1 013	2 683
3,000	—	1,300	952	2 508
3,000	—	1,400	1 005	3 093
3,000	—	1,400	980	2 690
3,000	—	1,400	995	2 736

ANNEXE V

Essais de canons de 57 *mm* et de 10 *cm* — 80 calibres — à tir rapide.

Des tirs de justesse et de rapidité ont été faits avec un canon Canet de 57 *mm* — 80 calibres — sur un but en mer placé à 520 *m* de la bouche de la pièce *(fig. 4 à 7, Pl. 120).*

Le but était composé de trois tonneaux reliés ensemble et d'un drapeau de 1 *m* × 1,20 *m* planté dans le tonneau du milieu.

Au quatrième coup le tir était réglé; dans une salve de sept coups, tirés en 50 secondes, le drapeau de la cible est percé aux cinq premiers coups; au sixième coup la hampe du drapeau est coupée par le projectile. Les trois tonneaux ont été coulés. Avec un canon Canet de 10 *cm* — 80 calibres — à tir rapide, on a tiré dans la même séance une salve de quatre coups en 29 secondes, le pointage étant rectifié à chaque coup. Les empreintes marquées sur une cible située à 150 *m* de la bouche de la pièce sont représentées ci-contre *(fig. 16, Pl. 119).*

Ces tirs avaient lieu le 26 avril 1893 en présence de commissions d'officiers brésiliens et japonais, entre autres Son Excellence l'amiral de Abreu et M. le colonel Arisaka.

Au mois de mai, on a procédé, au polygone du Hoc, à des expériences de tir de justesse avec le canon de 10 *cm* — 80 calibres — en présence d'une commission de la Marine française, présidée par M. Le colonel Leherle.

Quatre salves, de cinq coups chacune, ont été tirées sur but fixe pour les deux premières salves et pour les trois autres sur une cible permettant de simuler le tir sur but mobile.

Les croquis ci-joints montrent les résultats obtenus au cours de ces essais. La précision du tir à été très grande.

Résumé des expériences faites en mars 1894 avec des canons Canet de 12 centimètres, de 26 calibres, à tir rapide, livrés au gouvernement japonais et destinés à la défense des côtes

POIDS DU PROJECTILE	POIDS DE LA CHARGE	NATURE DE LA POUDRE	VITESSE INITIALE	PRESSION MOYENNE	OBSERVATIONS
kg	*kg*		*m*	*kg*	
18,200	2,2	B N	471	1 426	
18,100	2,5	—	532	1 792	
18,150	2,8	—	569	2 086	
18,000	3,0	—	609	2 450	
18,200	3,2	—	634	3 182	Tir de résistance.

Des tirs de justesse et de rapidité ont en outre été effectués avec ces bouches à feu sur un but en mer placé à 500 *m* et à 1000 *m* de la bouche de la pièce.

Le but était composé d'une cible reposant sur des tonneaux.

Nous donnons ci-jointe *(fig. 17 à 21, Pl. 119)*, une vue des cibles après les tirs exécutés en 1894, avec ce canon court de 12 *cm* de puissance moyenne, à vitesse initale réduite, commandé par le gouvernement japonais pour la défense des passes.

Les cibles ont été placées à 1 000 *m* puis à 500 *m*.

La justesse du tir a été très satisfaisante.

IMPRIMERIE CHAIX, RUE BERGÈRE, 20, PARIS. — 22026-11-94 — (Encre Lorilleux).

CANONS. Système CANET

Fig. 1 à 6. Canons à tir rapide de 10 c/m, 12 c/m, 15 c/m, et leurs munitions

Fig. 1. Canon de 15 c/m de 50 calibres à tir rapide. Poids 6300 K.

Fig. 2. Canon de 12 c/m de 50 calibres à tir rapide. Poids 3200 K.

Fig. 3. Canon de 10 c/m de 50 calibres à tir rapide. Poids 1950 K.

Fig. 4. Cartouche de 10 c/m

Fig. 5. Cartouche de 12 c/m

Fig. 6. Cartouche de 15 c/m

Fig. 7 à 11. Canon à tir rapide. (Fermeture de culasse)

Fig. 7. Vue de face

Fig. 8. Coupe longitudinale

Fig. 9. Coupe horizontale

Fig. 10. Coupe horizontale suivant ab

Fig. 11. Clavetage du levier-poignée

Fig. 12 et 13. Frein à contretige centrale avec son récupérateur

Fig. 12. Coupe longitudinale

Fig. 13. Coupe horizontale

Fig. 14 et 15. Canon de 12 c/m de 45 calibres à tir rapide sur affût à pivot central

Fig. 14. Elévation

Fig. 15. Plan

Légende

Poids du canon	2.960 K
Poids de l'affût complet	4.100 K
Total	7.060 K

		Epaisseurs avant	Epaisseurs côtés	Epaisseurs plafond	Poids
Epaisseurs et poids des masques équilibrés	N° 1	25 m/m	25 m/m	20 m/m	1.450 K
	N° 2	50 m/m	30 m/m	20 m/m	1.950 K
	N° 3	70 m/m	35 m/m	25 m/m	2.650 K

Poids de la cartouche complète	34 K
Longueur de la cartouche complète	1,290
Armements, assortiments, rechanges	30 K

Fig. 16.

1ère Salve — 2me Salve — 3me Salve — 4me Salve

Fig. 22. Courbes des flèches maxima des canons Canet de 57 m/m de 70 des canons de 57 m/m actuellement

L'intersection des courbes des flèches m avec l'horizontale dont l'ordonnée est 6 m donne comme abcisse l'étendue de la zo gereuse pour un navire dont l'élévation de l'eau est de 6 mètres.

Flèches maxima des trajectoires

Zônes dangereuses

Fig. 23 et 24. Zônes dang à tir rapide de 57 m/m

Fig. 23.

Fig. 24.

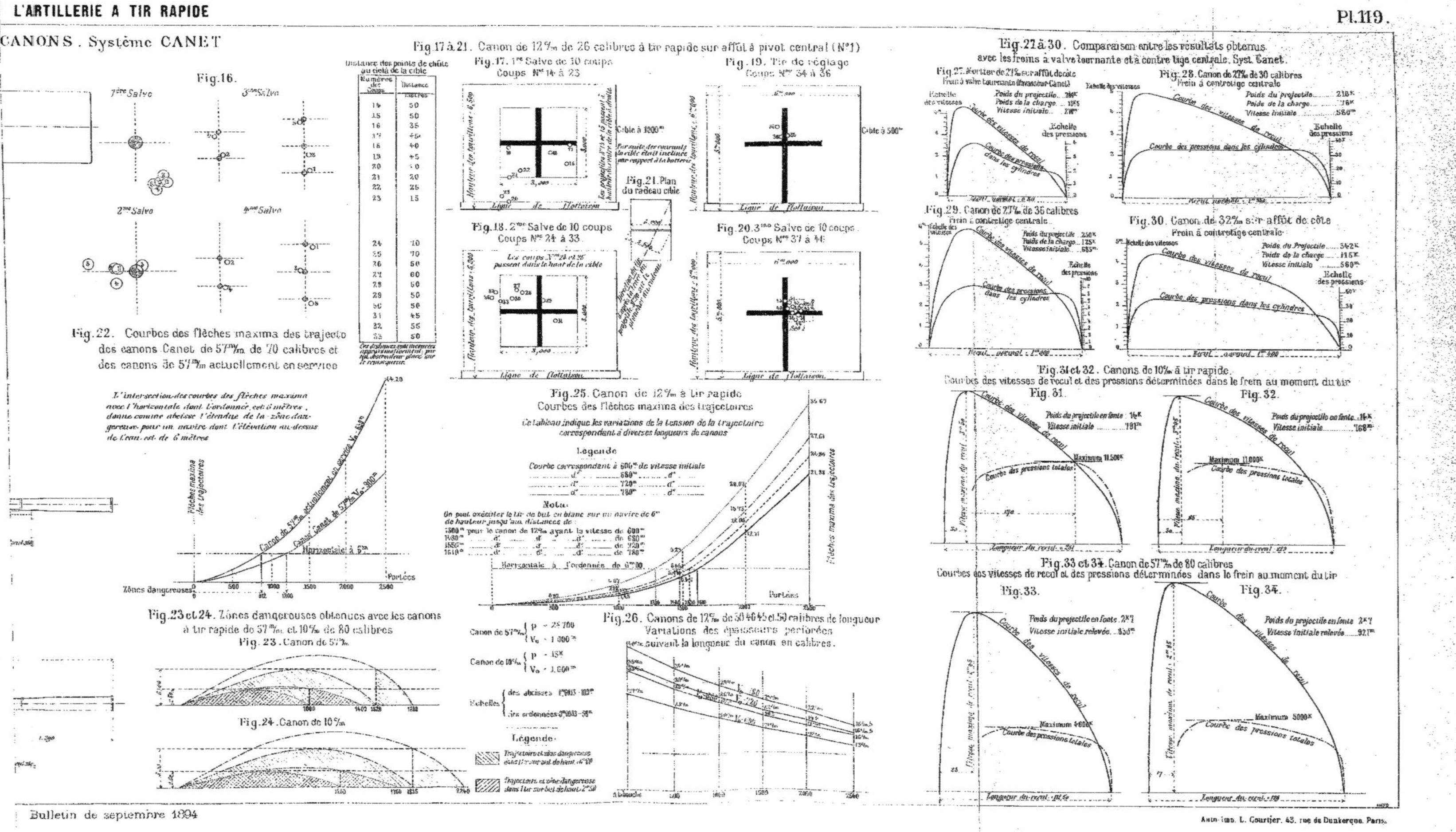

Auto-imp. L. Courtier, 43, rue de Dunkerque, Paris.

Fig. 1. — Fermeture de culasse tronconique pour canon Canet à tir rapide.

Fig. 5. — Canons Canet à tir rapide de 10c/m de 55 calibres et de 10c/m de 80 calibres.

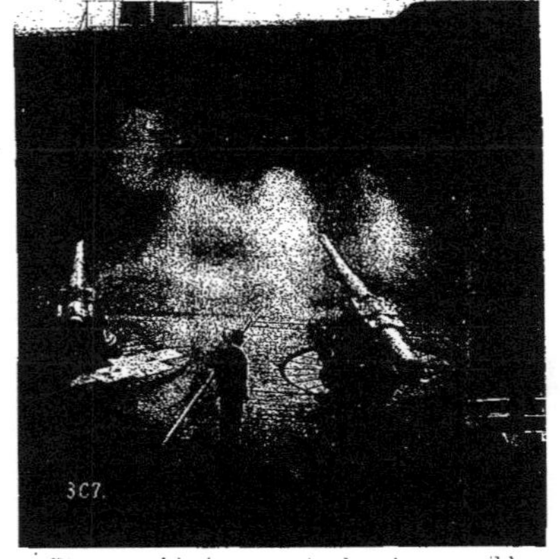

Photographie instantanée des tirs sur cibles aux grands angles.

Fig. 2. — Fermeture de culasse à vis à filets héliçoïdaux pour mortier et obusier Canet.

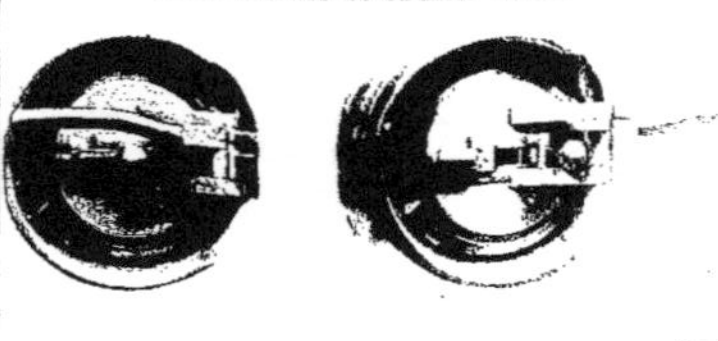

Fig. 6. — Canon Canet à tir rapide de 10c/m de 55 calibres.

Fig. 3. — Fermeture de culasse du canon Canet à T. R. de 6" de 50 calibres.

Fig. 7. — Canon Canet à tir rapide de 10c/m de 80 calibres.

Fig. 4. — Canon Canet à tir rapide
de 57m/m de 80 calibres sur affût de marine.

Fig. 8. — Canon Canet de 10c/m à tir rapide de 48 calibres
Modèle 1888.

Auto imp. L. Courtier 43, rue de Dunkerque Paris.

Fig. 9. — Canon Canet de 12 c/m à tir rapide de 48 calibres
Modèle 1888.

Fig. 10. — Canons Canet de 12 c/m à tir rapide
pour les croiseurs « Presidente-Pinto » et « Presidente-Errazuris ».

Fig. 11. — Canon Canet de 15 c/m à tir rapide de 48 cal
Modèle 1888.

Fig. 13. — Canons Canet de 15 c/m à tir rapide
pour les croiseurs « Presidente-Pinto » et « Presidente-Errazuris ».

Fig. 14. — Canon Canet à tir rapide de 15 c/m
de 45 calibres à bord du « Presidente-Pinto »

Fig. 15. — Canon Canet à tir rapide de 6 pouces (15
de 50 calibres sur affût de côte.

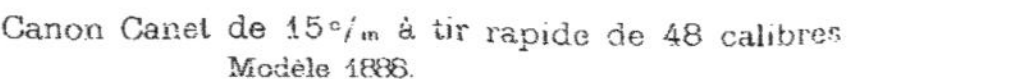

Fig. 11. — Canon Canet de 15 c/m à tir rapide de 48 calibres
Modèle 1886.

Fig. 12. — Canon Canet de 15 c/m de 36 calibres
sur affût de batterie à pivot central.

Fig. 15. — Canon Canet à tir rapide de 6 pouces (15 cent.)
de 50 calibres sur affût de côte.

Fig. 16. — Empreintes à la Gutta-Percha
montrant les érosions produites par les poudres dans l'âme de canons étrangers.

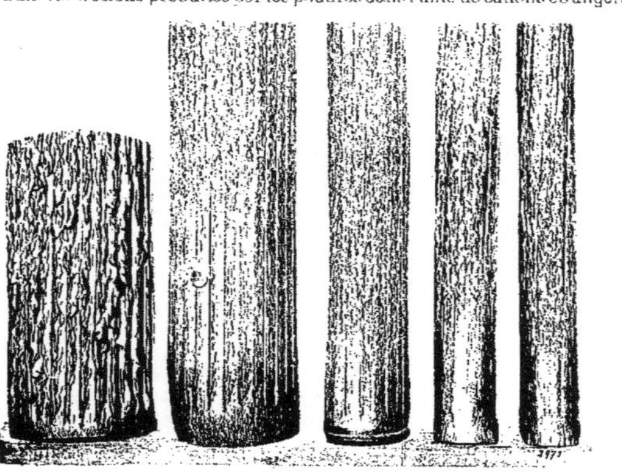

Auto-Imp. L. Courtier, 43, rue de Dunkerque, Paris.

Texte détérioré — reliure défectueuse

NF Z 43-120-11

Contraste insuffisant

NF Z 43-120-14

www.ingramcontent.com/pod-product-compliance
Ingram Content Group UK Ltd.
Pitfield, Milton Keynes, MK11 3LW, UK
UKHW020344250726
13967UKWH00005B/2097

9 782012 893474